高职高专艺术设计专业规划教材・产品设计

COMPUTER AIDED DESIGN —RHINO

计算机辅助设计——犀牛

倪培铭　甄丽坤　编著

中国建筑工业出版社

图书在版编目（CIP）数据

计算机辅助设计——犀牛/倪培铭，甄丽坤编著. —北京：中国建筑工业出版社，2014.10
高职高专艺术设计专业规划教材 · 产品设计
ISBN 978-7-112-17249-8

I. ①计… II. ①倪…②甄… III. ①工业设计-计算机辅助设计-应用软件-高等职业教育-教材 IV. ①TB47-39

中国版本图书馆CIP数据核字（2014）第211471号

这是一部全面介绍计算机辅助工业设计造型设计巨匠 Rhino 的教材。全书分 14 章，包含 14 个典型案例，由浅入深，由易到难地指导读者逐步掌握 Rhino 软件。

本教材还专门讲授了渲染软件 Keyshot。Keyshot 易于掌握、渲染效果又好，是当今工业设计界用户广泛使用的渲染软件。

本教材特点：1. 内容丰富、知识全面；2. 典型案例，步骤详解；3. 实际操作，边讲边练；4. 由浅入深，渐进提高。

读者对象：各高等职业艺术、技术学院产品设计专业的学生自学、教师教学用书。广大从事产品设计、环艺设计、首饰设计和平面设计的初中级从业人员自学指导书。

责任编辑：李东禧　唐　旭　焦　斐　吴　绫
责任校对：陈晶晶　党　蕾

高职高专艺术设计专业规划教材 · 产品设计
计算机辅助设计——犀牛
倪培铭　甄丽坤　编著
*
中国建筑工业出版社出版、发行（北京西郊百万庄）
各地新华书店、建筑书店经销
北京嘉泰利德公司制版
北京顺诚彩色印刷有限公司印刷
*
开本：787×1092 毫米　1/16　印张：8　字数：188 千字
2014 年 11 月第一版　2014 年 11 月第一次印刷
定价：48.00元
ISBN 978-7-112-17249-8
（26015）

“高职高专艺术设计专业规划教材·产品设计”编委会

序

2013年国家启动部分高校转型为应用型大学的工作，2014年教育部在工作要点中明确要求研究制订指导意见，启动实施国家和省级试点。部分高校向应用型大学转型发展已成为当前和今后一段时期教育领域综合改革、推进教育体系现代化的重要任务。作为应用型教育最基层的众多高职、高专院校也会受此次转型的影响，将会迎来一段既充满机遇又充满挑战的全新发展时期。

面对众多研究型高校转型为应用型大学，高职、高专作为职业技术的代表院校为了能够更好地迎接挑战，必须努力提高自身的教学水平，特别要继续巩固和加强对学生操作技能的培养特色。但是，当前职业技术院校艺术设计教学中教材建设滞后、数量不足、种类不多、质量不高的问题逐渐显露出来。很多职业院校艺术类教材只是对本科教材的简化，而且均以理论为主，几乎没有相关案例教学的内容。这是一个很大的问题，与当前学科发展和宏观教育发展方向是有出入的。因此，编写一套能够符合时代发展需要，真正体现高职、高专艺术设计教学重动手能力培养、重技能训练，同时兼顾理论教学，深入浅出、方便实用的系列教材就成为了当务之急。

本套教材的编写对于加快国内职业技术院校艺术类专业教材建设、提升各院校的教学水平有着重要的意义。一套高水平的高职、高专艺术类教材编写应该有别于普通本科院校教材。编写过程中应该重点突出实践部分，要有针对性，在实践中学习理论，避免过多的理论知识讲授。本套教材邀请了众多教学水平突出、实践经验丰富、专业实力雄厚的高职、高专从事艺术设计教学的一线教师参加编写。同时，还吸纳很多企业一线工作人员参加编写，这对增加教材的实用性和实效性将大有裨益。

本套教材在编写过程中力求将最新的观念和信息与传统知识相结合，增加全新案例的分析和经典案例的点评，从新时代的角度探讨了艺术设计及相关的概念、方法与理论。考虑到教学的实际需要，本套教材在知识结构的编排上力求做到循序渐进、由浅入深，通过大量的实际案例分析，使内容更加生动、易懂，具有深入浅出的特点。希望本套教材能够为相关专业的教师和学生提供帮助，同时也为从事此专业的从业人员提供一套较好的参考资料。

目前，国内高职、高专艺术类教材建设还处于起步阶段，还有大量的问题需要深入研究和探讨。由于时间紧迫和自身水平的限制，本套教材难免存在一些问题，希望广大同行和学生能够予以指正。

总主编　魏长增

2014年8月

前 言

Rhinoceros 是美国 Robert McNeel & Associates 公司于 1998 年推出的一款“平民化”、具有超强建模能力的三维造型软件。Rhino 基于 NURBS（Non-Uniform Rational B-Spline 非均匀有理 B 样条曲线）的建模原理，是一款功能强大的高级建模软件。Rhino 现在广泛应用于产品设计、交通工具设计、珠宝设计和玩具设计等行业，给各行业中面临的各种复杂的曲面造型提供了很好的解决方案。

Rhino 在全世界的用户广泛，其很重要的一个原因是它的低成本。Rhino 不仅软件本身价格便宜，对计算机的硬件要求也很低。即使是 486 的电脑、Windows 95 的操作系统也可以运行 Rhino 软件，这就为更多的产品设计专业从业人员，特别是在校学生提供了的宝贵的学习机会。

本教材的编写是以项目驱动为主线，将 Rhino 的各种建模知识融合到案例里，在项目的制作过程中完成对 Rhino 软件的学习。

本教材所涉及的项目由浅入深，按照循序渐进的教学原则完成 Rhino 知识的学习。力求做到由初级到高级、由简单到复杂，并在各个项目中既学习新的知识，又有对前课的复习，使知识的掌握形成螺旋式上升，最后达到熟练掌握的程度。

针对 Rhino 的渲染，Keyshot 本身有多个插件，我们介绍给大家的是当前使用最简便、渲染时间短、效果又很好的 Keyshot 渲染软件。讲解的方法也是以典型案例带入 Keyshot 的材质、灯光和渲染等各种知识，帮助大家一步一步地将 Rhino 的模型渲染出高质量的图片。

本教材的编写是以项目驱动为主线，将 Rhino 的建模和渲染知识融合到案例里，在项目的制作过程中完成学习的过程。

在每个项目的讲解上，本教材采用每做一步都有讲解和图示的方式，力图使学生对制作过程更直观、更好掌握。

本教材所需课时为 80 学时，每个项目包里，都有任务目标、任务要求和基础知识介绍，供教师和学生对每一个项目包的知识点有一个总体了解。

如教学大纲中规定的课时不足 80 学时，教师可将本教材的部分项目改为学生课外自习、课堂答疑的方式来完成本教材的全部教学内容。

本教材共分为十四章，第一章至第十三章由倪培铭编写，第十四章为甄丽坤编写。

目　录

第一章　犀牛简介

【学习任务】

学习用户界面的构成，了解各个部分的功能；学习视图的平移、缩放和旋转的使用方法。

【任务目标】

理解 Rhino 界面六个部分的作用，正确操作视图的平移、缩放和旋转。

【任务要求】

掌握界面各部分的特性；在视图操作时，能熟记键盘和鼠标左、右、中键的使用。

第一节　用户界面

一、基础知识的介绍

介绍用户界面的构成以及各个部分的详细内容。

用户界面如图 1-1，分为六个部分：（1）菜单栏、（2）命令栏、（3）标准工具栏、（4）主工具栏、（5）状态栏、（6）工作区，分述如下。

菜单栏：常用的工具和命令都可以通过菜单栏来执行。菜单栏根据命令的类型布局，很多主菜单下有子集菜单。

命令栏：无论是从菜单栏、标准工具栏，还是主工具栏执行的命令，很多都会在命令栏里提示下一步的操作：或选择物体或输入数值，是软件和用户交互的窗口。

标准工具栏：多数标准工具栏中的工具和菜单栏里的命令是一样的，只是以图标的方式将常用的工具分列在一起，方便操作。有些标准工具栏中的工具分左键和右键操作的不同，有些里面有子集工具。

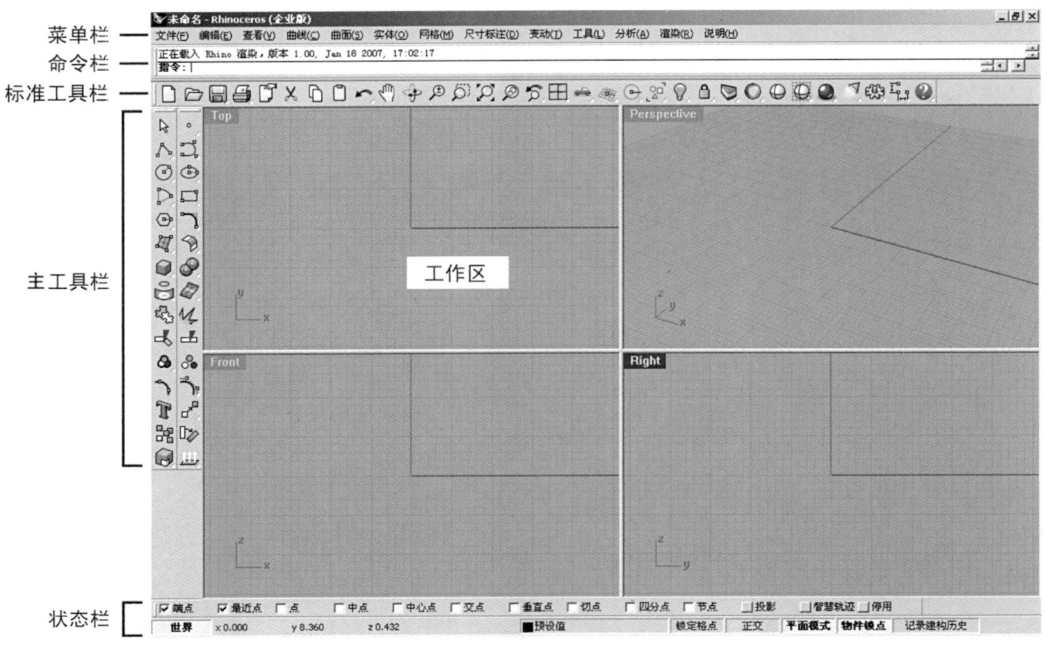

图 1-1

主工具栏：大多建模工具都集中在主工具栏，它们是各种命令的快捷方式，多数都有子集工具，子集工具栏也可以浮动。

状态栏：包含作图平面、光标位置、当前图层，以及捕捉、正交等一些辅助的建模工具。

工作区：默认布局分为四个视图；俯视图、前视图、右视图和透视视图。各个视图都可以切换成其他的视图，也可以将四个视图的布局改成两个或三个。视图内的物体可以线框模式显示，也可以阴影模式显示。

二、任务小结

理解大部分的绘图和编辑工具都可以通过菜单栏来执行；分清主工具栏和标准工具栏的区别和主要作用；了解命令栏的作用和使用方法。

第二节　视图的平移、缩放和旋转

一、基础知识的介绍

平移:在俯视等正交视图,按鼠标右键平移;在透视视图,按住 Shift,再按鼠标右键平移（当然也可以使用标准工具栏上的快捷图标）。

缩放：按住 Ctrl 键，再按鼠标右键，上下拖动鼠标缩放视图（当然也可以使用标准工具栏上的快捷图标）。

旋转：使用标准工具栏上的“旋转”工具，在俯视等正交视图进行旋转；在透视视图直接用右键旋转。

二、任务小结

熟练掌握键盘配合鼠标的左键、右键和中键（滚轮）完成视图的平移、缩放和旋转。

第二章　飞镖的模型制作

【学习任务】

学习启动 Rhino 后如何选择建模尺寸和单位；学习存储文件；学习激活视图和在不同的视口操作；学习通过在命令行中输入数值来绘制图形；学习创建旋转曲面。

【任务目标】

完成一个飞镖轮廓的绘制；用旋转曲面完成飞镖的模型制作。

【任务要求】

视图要正确，模型的尺寸要准确，文件的存储规范有序。

第一节　绘制轮廓

一、基础知识的介绍

学习如何创建文件和存储文件；学习如何根据模型的大小选择模型尺寸；学习在正确的视图里创建三维模型；学习画线工具；学习在命令栏上输入数值绘制出精确的轮廓线；学习用旋转曲面工具创建三维的模型。

二、任务实施

第一步：双击 Rhino 图标，打开 Rhino 软件，弹出“启动模板”。要求我们“选择 Rhino 启动时使用的模型尺寸和单位”。选择“small object millimeters”（小物体，单位是毫米，使用的精确度是 0.01mm），点击“打开”。

第二步：选择“文件 \ 另存为”，起文件名称为“飞镖”。

第三步：在“Top”（俯视图）单击左键，激活俯视图视口。

第四步：选择“曲线 \ 多重直线 \ 多重直线”工具，在命令栏中输入“-11，0”，回车（-11 表示在 X 轴的 -11 位置，0 表示 Y 轴在 0 的位置）。此时我们在视口中创建了一个多重直线的起点。这时命令栏中提示“多重直线的下一个点”，我们输入“r8，0”（r 表示相对坐标）。这样我们就绘制了一条在 X 轴方向、8mm 的直线。效果如图 2-1。

图 2-1

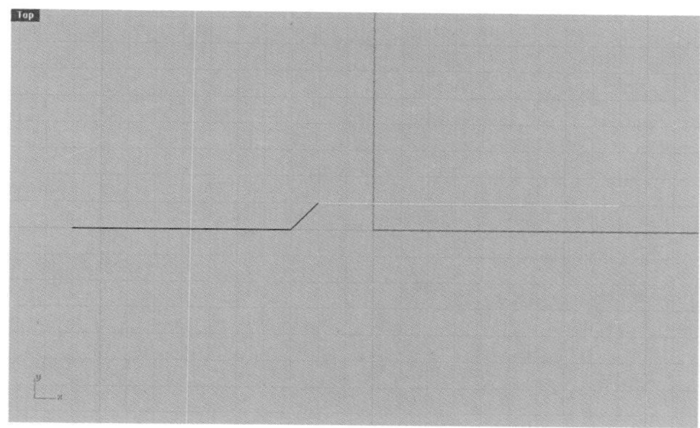

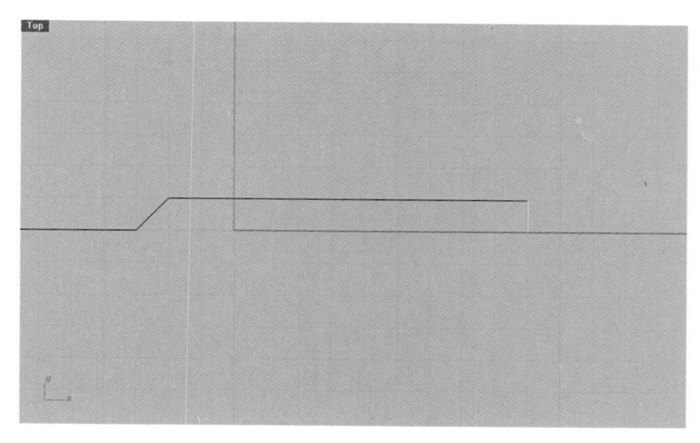

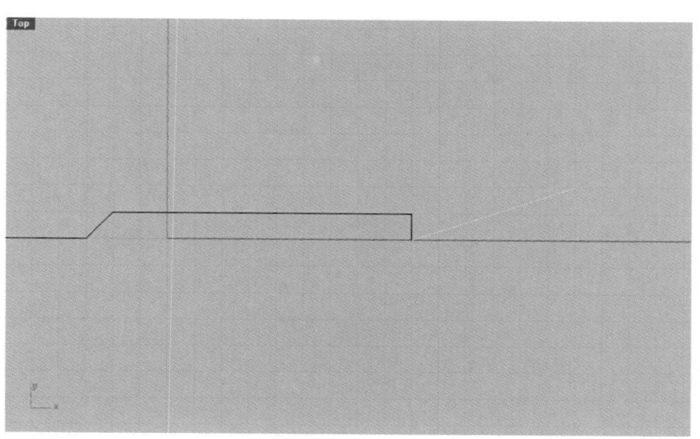

第五步：继续输入“r1，1”，效果如图 2-2。为了绘制方便，我们可以将四个视口切换成一个视口。方法是按 Ctrl+M。

第六步：输入“r11<0”（以当前为起点，X 轴方向，11mm，0° ），效果如图 2-3。

第七步：输入“r0，-1”，回车。效果如图 2-4。

第八步：输入“r6，2”，回车。效果如图 2-5。

图 2-2
图 2-3
图 2-4
图 2-5

第九步：输入“r-6，2”，回车。效果如图 2-6。

第十步：输入“r0，-1”，回车。效果如图 2-7。

第十一步：输入“r11<180”，回车。效果如图 2-8。

第十二步：输入“r-1，1”，回车。效果如图 2-9。

第十三步：输入“r8<180”，回车。效果如图 2-10。

第十四步：输入“r2，-2”，回车。效果如图 2-11。

第十五步：输入“c”，回车。效果如图 2-12。

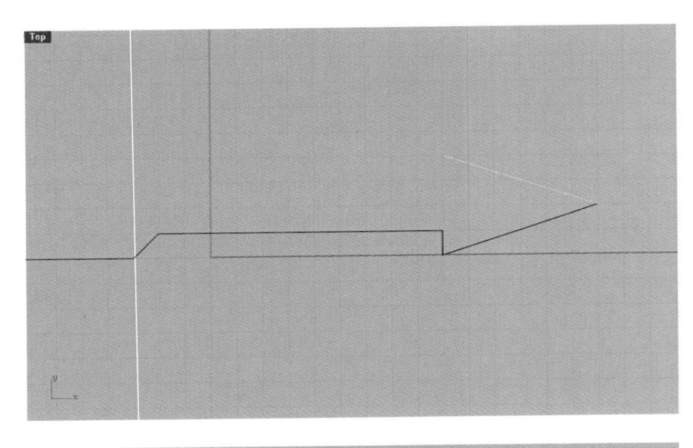

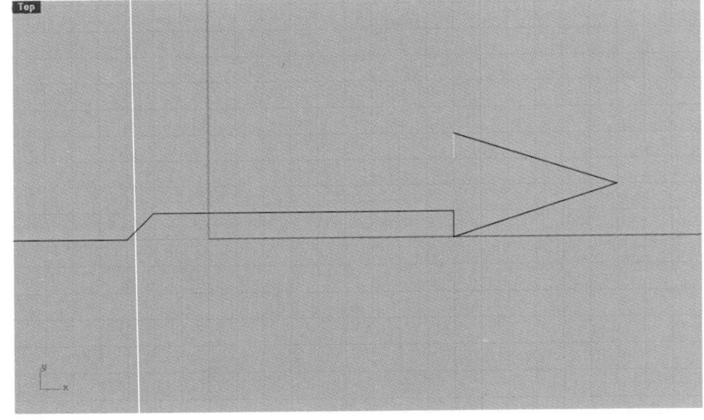

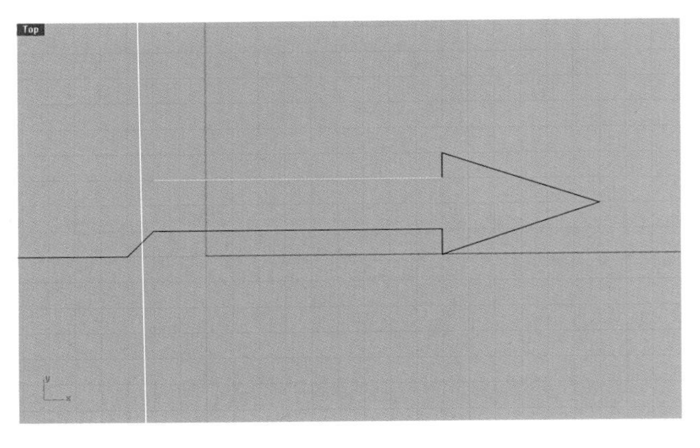

图 2-6
图 2-7
图 2-8

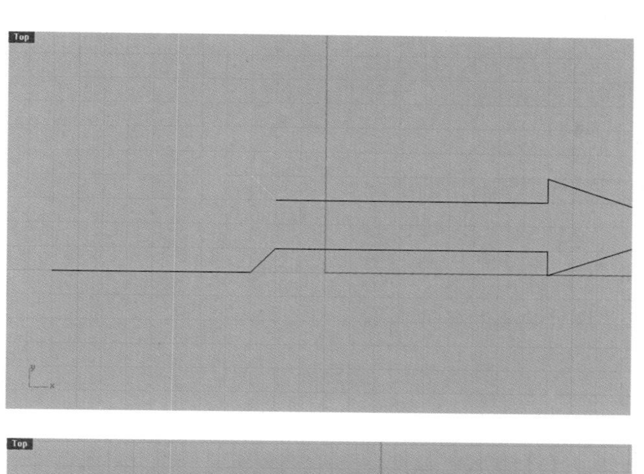

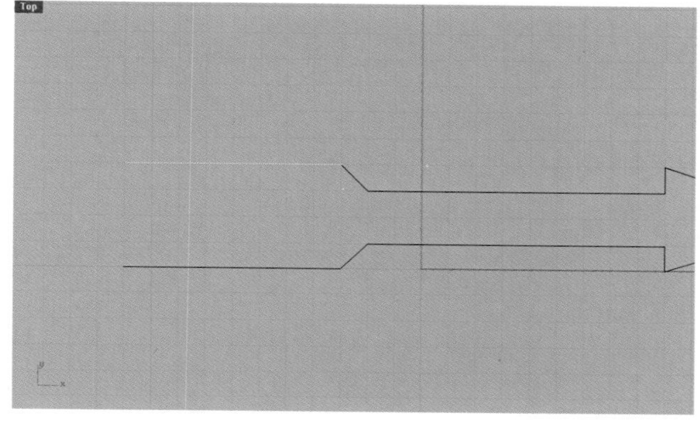

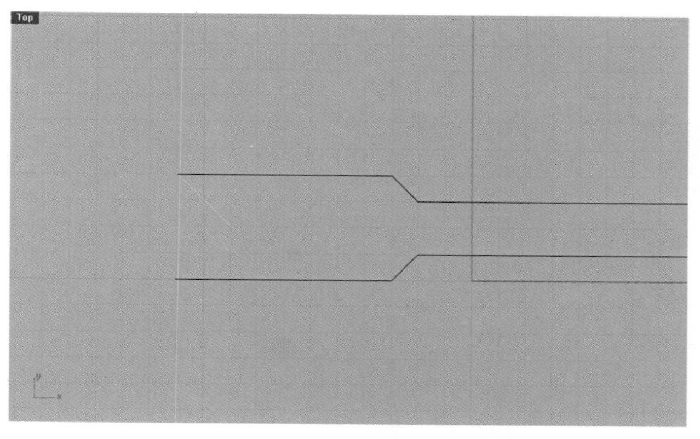

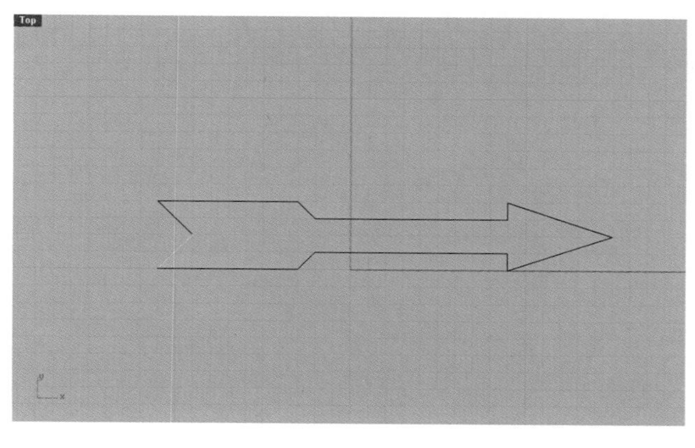

图 2-9
图 2-10
图 2-11
图 2-12

三、任务小结

学习通过在命令栏上输入数值教会学生绘制精确的尺寸线。

第二节 旋转曲面

一、基础知识的介绍

学习“曲面 \ 旋转”工具，掌握生成旋转曲面的要领。

二、任务实施

第一步：按 Ctrl+M，将视口切换成 4 个视口。

第二步：选择“曲面 \ 旋转”，命令栏中提示我们选择旋转的起点，选择箭头的尾部。

第三步：命令栏中提示我们选择旋转的终点，选择箭头的顶点。

第四步：命令栏中提示我们输入起始角度，默认是 0° ，按回车。

第五步：命令栏中提示我们选择旋转角度，默认是 360° ，按回车。

第六步：在着色图标上点击左键，就可以看到当前视口呈现出着色效果。

这样“飞镖”的模型就创建完了。效果如图 2–13。

三、任务小结

掌握旋转曲面的创建方法，了解创建过程中轴的选择方法和旋转角度的设定方法。

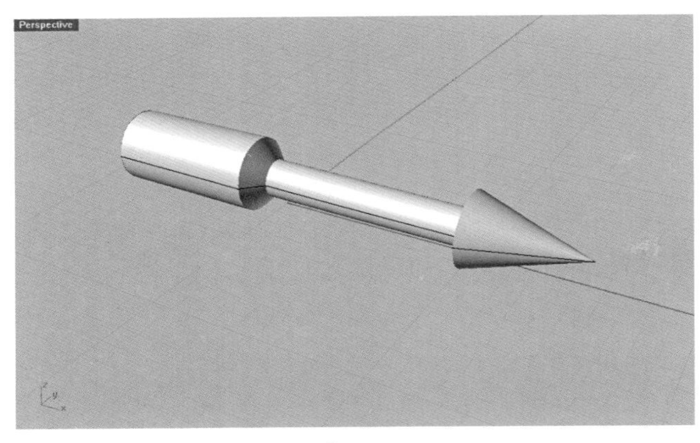

图 2–13

第三章　钢管椅的模型制作

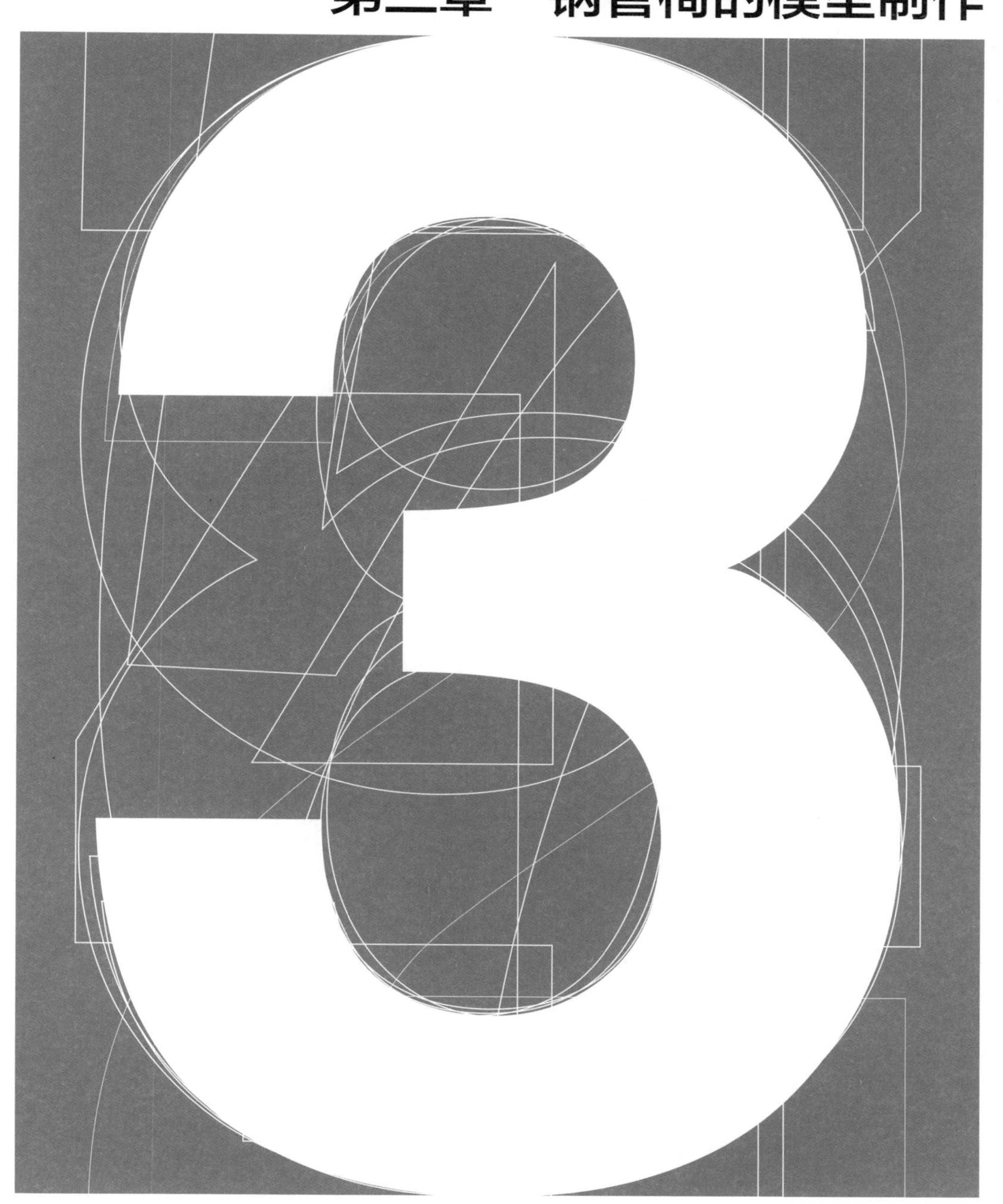

【学习任务】

学习在连续绘制图形时进行跨视口操作；复习通过命令栏输入数值的方式绘制有尺寸的图形；学习曲线圆角工具的使用；学习将图形组合的方法。学习创建实体\圆管的方法。学习设置与曲线垂直的工作平面；学习运用捕捉；学习按照“起点、终点、半径”的方法绘制圆弧；学习复制；学习曲面\放样；学习设置工作平面为世界 Top；学习设置工作平面的高度。

【任务目标】

学习绘制钢管椅的轮廓；运用实体\圆管工具创建圆管；通过曲面\放样工具创建椅子坐垫和靠背的模型。

【任务要求】

尺寸要准确，建模流程要清晰，所用的建模工具要正确。

第一节　绘制轮廓

一、基础知识的介绍

在连续绘制图形时进行跨视口操作；通过命令栏输入数值的方式绘制有尺寸的图形；曲线圆角工具的使用；图形组合的方法。

二、任务实施

第一步：打开 Rhino 软件，弹出“启动模板”。在“选择 Rhino 启动时使用的模型尺寸和单位”时，选择“small object centimeters”（小物体，单位是厘米），点击“打开”。

第二步：选择“文件\另存为”，起文件名称为“钢管椅”。

第三步：选择“曲线\多重曲线”，在“Front”（前视图）击左键，激活前视图。输入“0，0”，回车。

第四步：输入“r45，0”，回车。效果如图 3-1。

图 3-1

第五步:输入“r0,40”,回车。效果如图 3-2。

第六步：输入“r-45，0”，回车。效果如图 3-3。

第七步：输入“r45<100”，回车。效果如图 3-4。

第八步：拖动鼠标到右视图，输入“r45，0”，回车。效果如图 3-5。

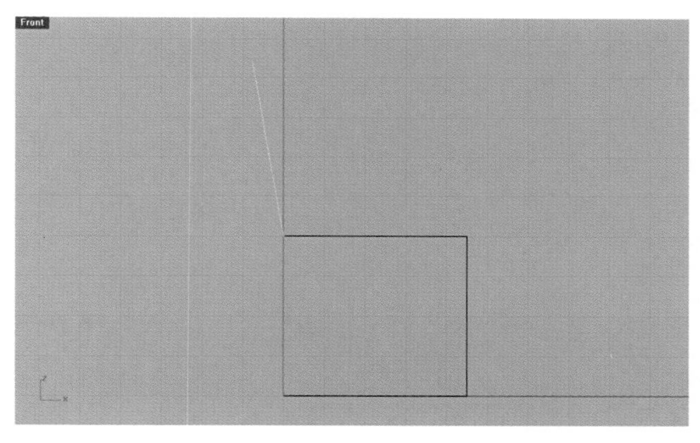

图 3-2
图 3-3
图 3-4
图 3-5

第九步：拖动鼠标切换到前视图，输入“r45<280”，回车。效果如图 3–6。

第十步:输入“r45, 0”, 回车。效果如图 3–7。

第十一步：输入“r0，–40”，回车。效果如图 3–8。

第十二步：输入“r–45，0”，回车。效果如图 3–9。

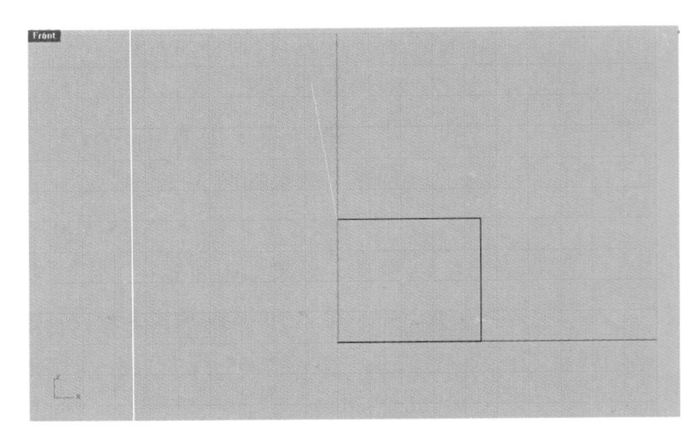

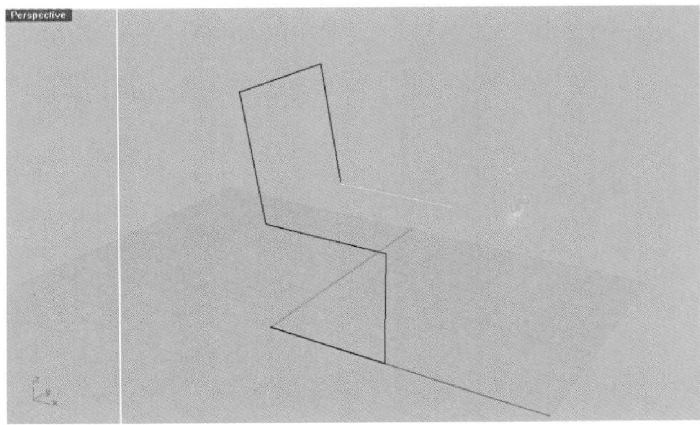

图 3–6
图 3–7
图 3–8
图 3–9

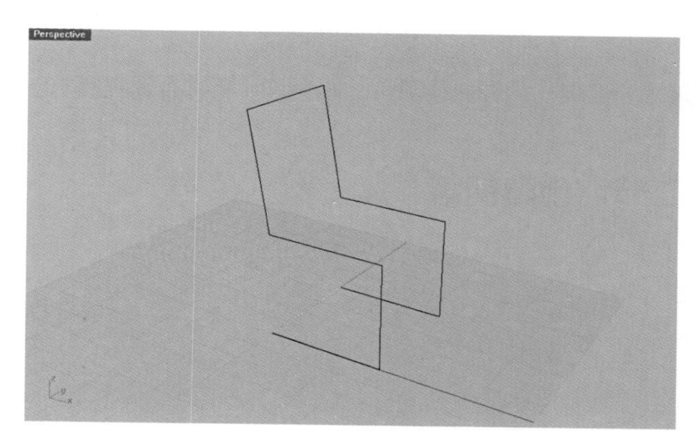

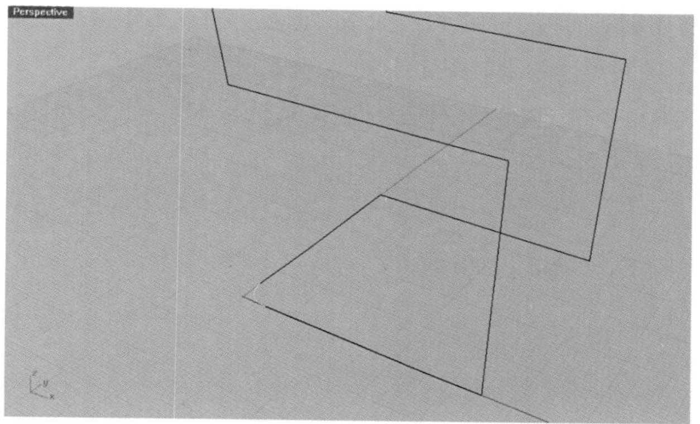

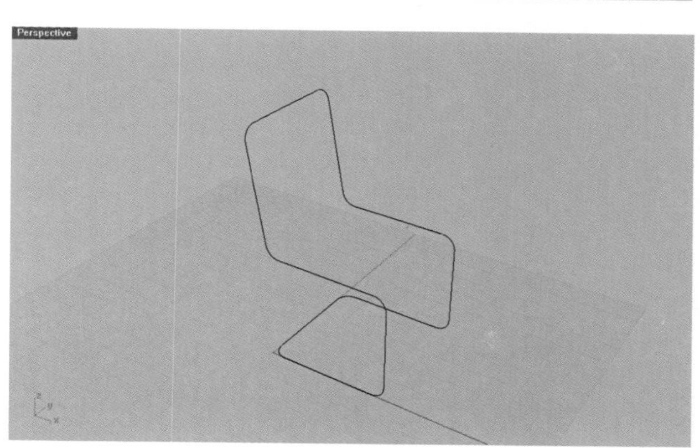

第十三步：最后输入“c”，回车。效果如图 3-10。

第十四步：点击主工具栏中的“曲线圆角”工具，输入“r”，回车。再输入“5”，回车。点击要建立圆角的第一条曲线，再点击要建立圆角的第二条曲线，就创建好了一个圆角，效果如图 3-11。

第十五步：点击右键（在 Rhino 里点击右键是重复执行上一个命令），重复创建圆角的命令。依据以上操作，完成各圆角的创建。效果如图 3-12。

第十六步：将所有曲线都选中，点击主工具栏中的“组合”，使其成为一个整体。效果如图 3-13。

图 3-10
图 3-11
图 3-12
图 3-13

三、任务小结

学会按照步骤跨视口绘制直线，尺寸要准确。掌握曲线圆角，圆角尺寸要符合课程要求。

第二节　创建钢管

一、基础知识的介绍

学习创建实体 \ 圆管的方法。

二、任务实施

第一步：选择“实体 \ 圆管”，点击刚才创建的椅子曲线，输入“3”，回车。命令栏中提示“要设置半径的下一个点”，我们不设置，直接回车。效果如图 3-14。

第二步：在着色图标上点击左键，视口中呈现出着色效果，如图 3-15。

三、任务小结

按照课程要求输入相应的数值，完成钢管的创建。

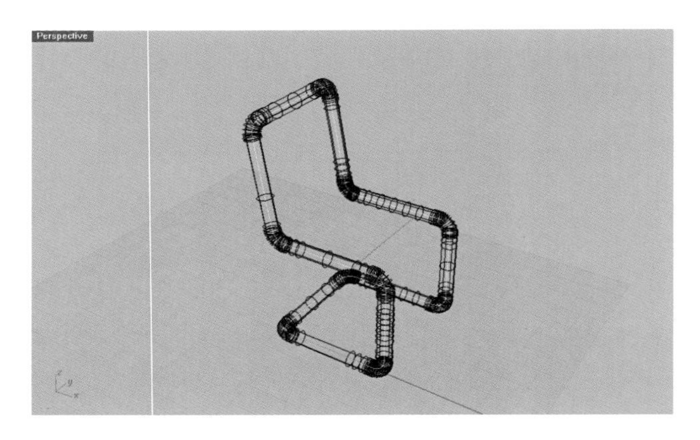

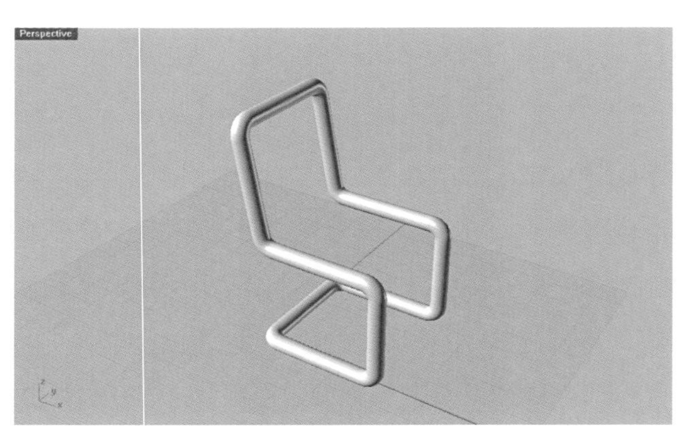

图 3-14
图 3-15

第三节　创建坐垫和靠背

一、基础知识的介绍

学习设置与曲线垂直的工作平面；学习运用捕捉；学习按照“起点、终点、半径”的方法绘制圆弧；学习复制；学习曲面\放样；学习设置工作平面为世界 Top；学习设置工作平面高度。

二、任务实施

在 Rhino 里，默认的工作平面是世界坐标，如同地平面。如果要创建坐垫，就需要先创建一个工作平面。

第一步：将“圆管”隐藏，并将组合的线“炸开”。左键点击标准工具栏中的“设置工作平面：基点”，再左键点击“设置工作平面”，然后选择“设置工作平面与曲线垂直”，再如图 3-16 选择视口中的曲线。创建的工作平面如图 3-17。

第二步：左键点击状态栏上的物件锁点，打开物件锁点选项。勾选“最近点”，并把“平面模式”打开。

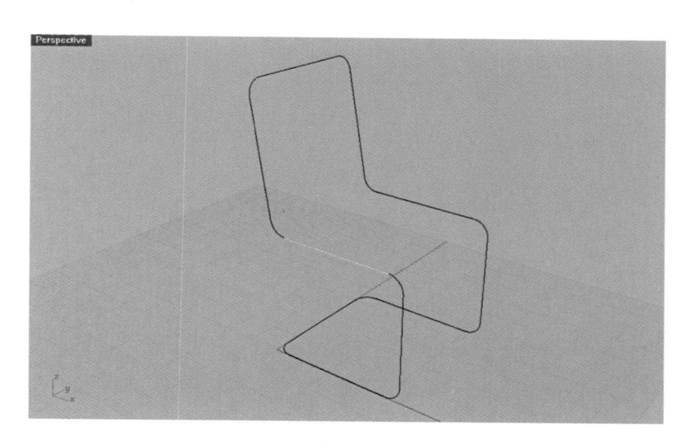

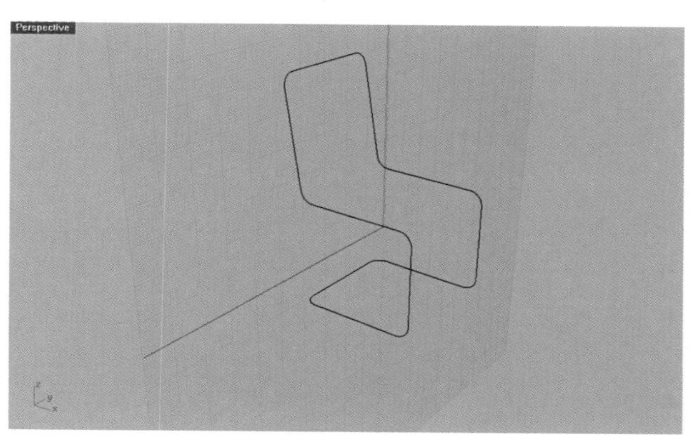

图 3-16
图 3-17

第三步：选择“曲线 \ 圆弧 \ 起点、终点、半径”。在右视图中选择圆弧起点，效果如图 3–18。

第四步：再如图 3–19 选择圆弧终点。并输入半径“200”。鼠标向上移动，点击左键，绘制完成一个向下弯曲的圆弧。效果如图 3–20。

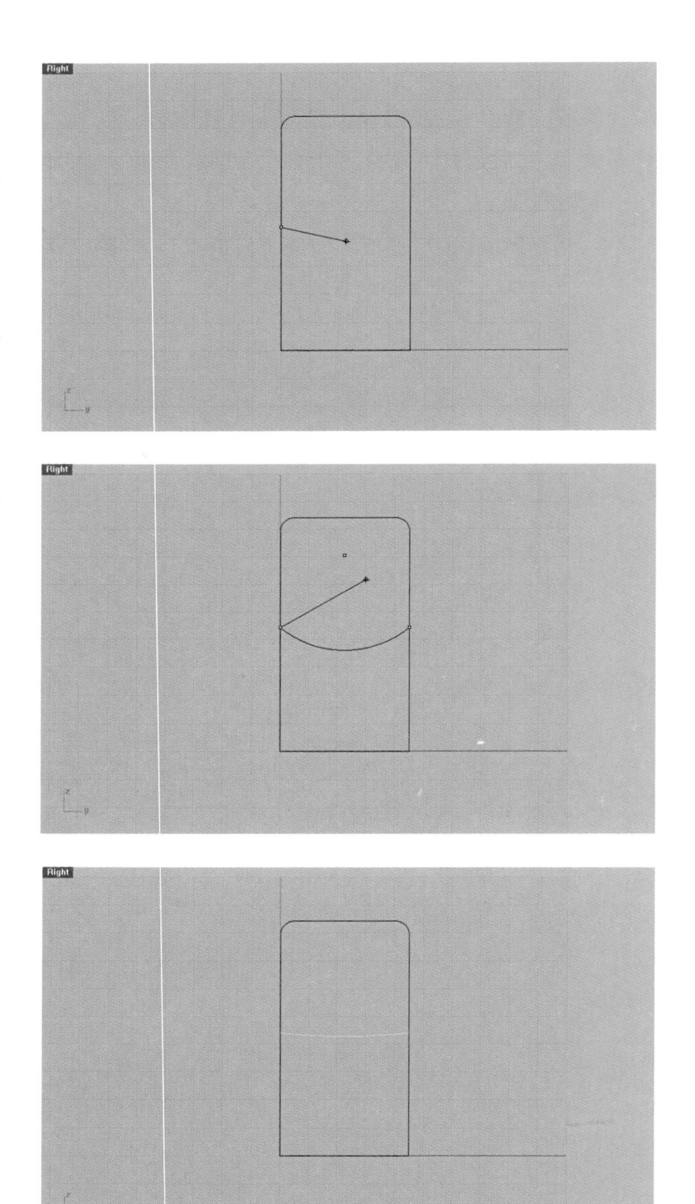

图 3–18
图 3–19
图 3–20

第五步：选择“变动\复制”，命令栏提示“复制的起点”，点击弧线的一端。又提示我们“复制的终点”，在透视视图中移动到图 3-21 所示的位置（为了避免误捕捉，可将捕捉关掉）。

第六步：选择“曲面\放样”，分别选择两条曲线，在弹出的“放样选项”中，点击确定。效果如图 3-22。

第七步：左键点击标准工具栏中的“设置工作平面：基点”，再左键点击“设置平面工作”，然后选择“设置工作平面为世界 Top”。

第八步：左键点击标准工具栏中的“设置工作平面：基点”，再左键点击“设置平面工作”，然后选择“设置工作平面高度”。再如图 3-23 选择视口中的曲线端点。

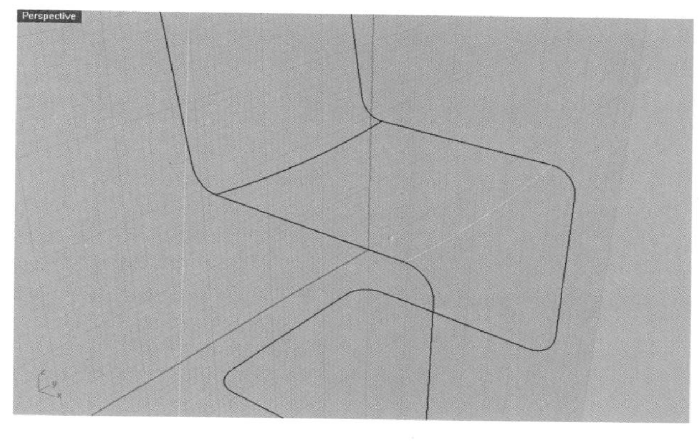

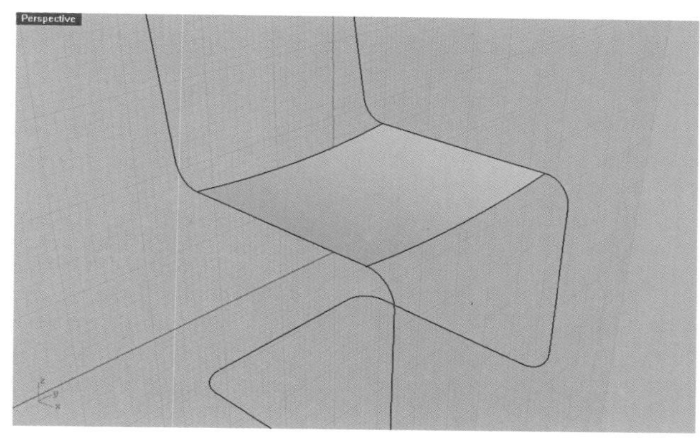

图 3-21
图 3-22
图 3-23

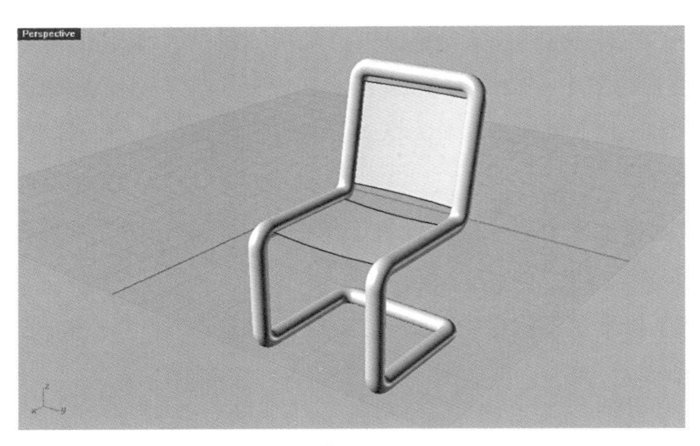

图 3-24

第九步：重复第一步至第六步的方法，绘制完成椅子靠背的曲面。最后完成的效果如图3-24。

三、任务小结

学会设置工作平面；绘制出课程规定的弧线并复制到相应的位置；完成椅子坐垫和靠背的模型制作。

第四章　机器零件的模型制作

【学习任务】

复习按照尺寸绘制图形；复习组合图形。复习旋转曲面。复习设置工作平面；学习创建实体\立方体。学习实体\圆柱体。学习创建阵列。学习实体\并集和实体\差集。

【任务目标】

完成一个零件的模型制作。

【任务要求】

尺寸准确，使用的工具正确。

第一节 绘制轮廓

一、基础知识的介绍

复习按照尺寸绘制图形；复习组合图形。

二、任务实施

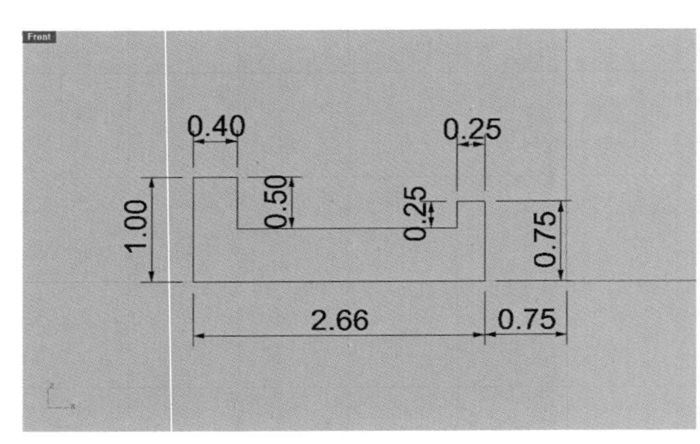

图 4-1

第一步：打开 Rhino 软件，弹出“启动模板”。在“选择 Rhino 启动时使用的模型尺寸和单位”时，选择“small object centimeters”（小物体，单位是厘米），点击“打开”。

第二步：在前视图绘制如图 4-1 的图形。

第三步：选择图形，点击工具栏上的“组合”工具，点击右键结束。

三、任务小结

按照课程要求准确绘制图形。

第二节 旋转曲面

一、基础知识的介绍

复习旋转曲面。

二、任务实施

第一步：选择图形，再选择菜单栏中的“曲面\旋转”。命令栏提示输入“旋转轴的起点”，选择 XY 轴的 0 点。命令栏提示输入“旋转轴的终点”，沿 Y 轴向上点击任意一点（为了操作方便，可以将状态栏中的锁定格点打开）。

图 4-2

第二步：命令栏中提示我们输入起始角度，默认是 0°，按回车。

第三步：命令栏中提示我们选择旋转角度，默认是 360°，按回车。双击前视图的图标，切换成 4 个视图，效果如图 4-2。

三、任务小结

用旋转曲面的命令完成模型制作。

第三节　创建加强筋

一、基础知识的介绍

复习设置工作平面；学习创建实体 \ 立方体。

二、任务实施

第一步：右键点击标准工具栏中的“设置工作平面”，再右键点击“设置平面工作基点”，然后选择“设置工作平面高度”，此时命令栏中提示我们“工作平面移动的距离”，输入“0.5”，回车。创建了新的工作平面。

第二步：点击关闭状态栏上的物件锁点和锁定格点。

第三步：激活俯视图。选择菜单栏上的“实体 \ 立方体 \ 角对角、高度”，此时命令栏提示输入“底面的第一角”，输入“0.9,-0.2”回车。接着命令栏提示输入“底面的其他角或长度”，输入“r2.3，0.4”回车。此时命令栏提示输入“高度”，输入“0.25”，回车，效果如图 4-3。

三、任务小结

运用实体 \ 立方体的工具，完成加强筋的制作。

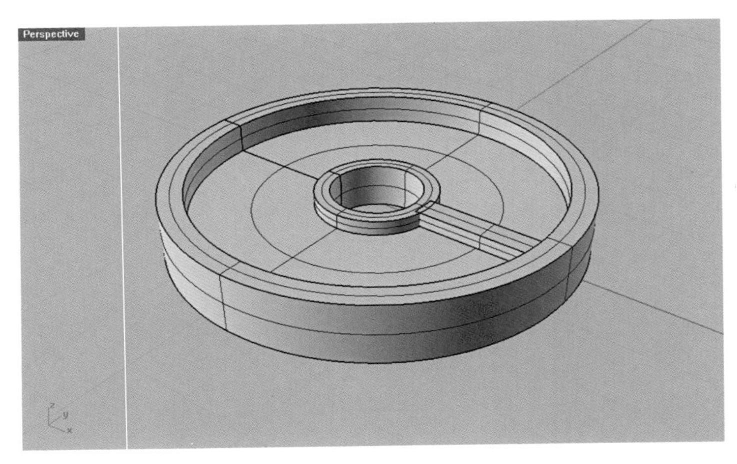

图 4-3

第四节 创建圆柱

一、基础知识的介绍

学习实体\圆柱体。

二、任务实施

第一步：激活俯视图。右键点击标准工具栏中的“设置工作平面：基点”，再右键点击“设置平面工作”，然后选择“设置工作平面为世界 Top”。

第二步：选择菜单栏上的“实体\圆柱体”，此时命令栏提示输入“圆柱体的底面”，输入“1.5，1.5”。接着命令栏提示输入“半径”，输入“0.3”，回车。接着命令栏提示输入“圆柱体的端点”，输入“3”，回车，效果如图 4-4。

三、任务小结

运用实体\圆柱体工具创建圆柱体。

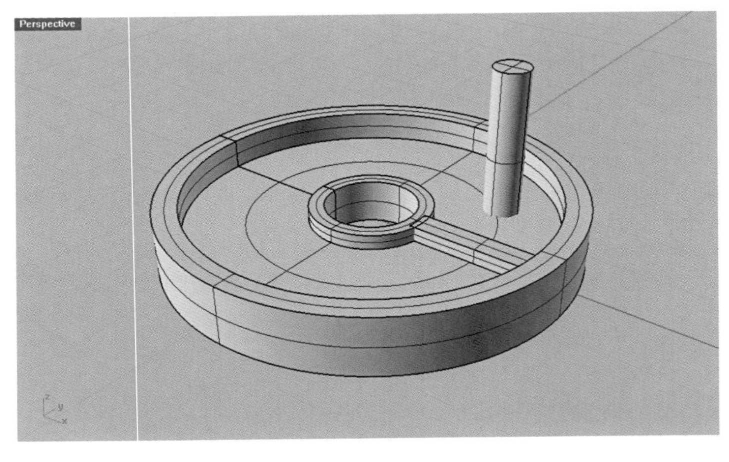

图 4-4

第五节　创建阵列

一、基础知识的介绍

学习创建阵列。

二、任务实施

第一步：激活俯视图。选择"变动 \ 阵列 \ 环形"，此时命令栏提示输入"选择要阵列的物体"，选择先前创建的加强筋。接着命令栏提示输入"环形阵列中心点"，将状态栏上的锁定格点打开，选择 X 轴和 Y 轴的零点。接着命令栏提示输入"数目"，输入"3"，回车。此时命令栏提示输入"旋转角度总和或第一参考点"，按默认总和 360，回车，效果如图 4-5。

第二步：按同样方法创建圆柱的阵列，效果如图 4-6。

三、任务小结

运用变动 \ 阵列 \ 环形工具创建阵列。

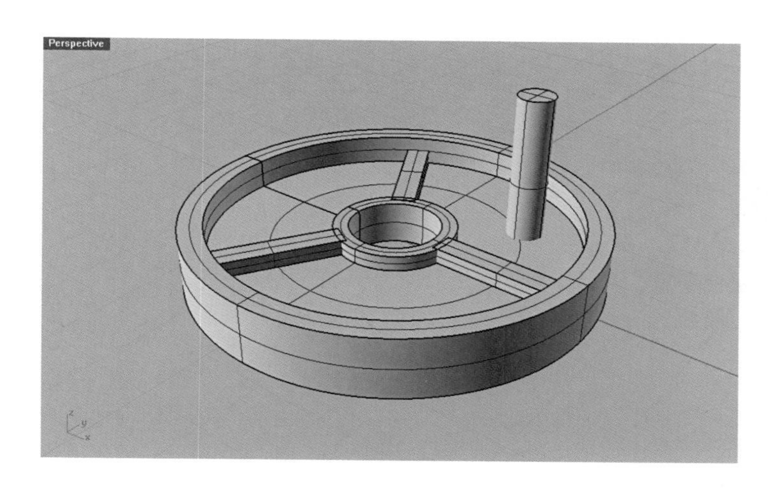

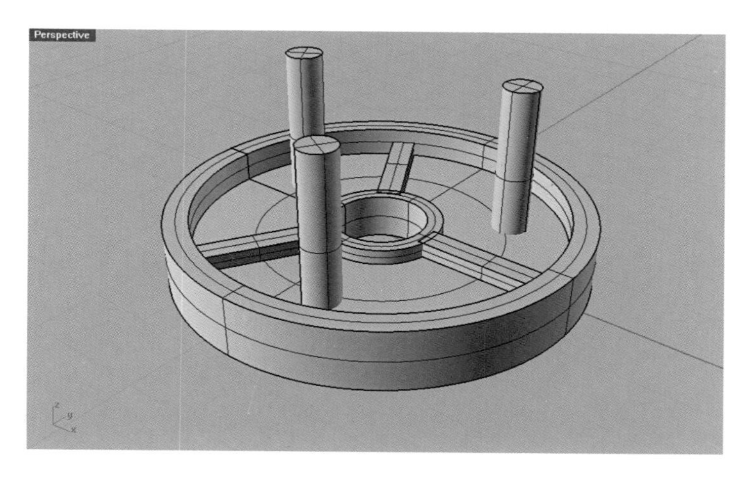

图 4-5
图 4-6

第六节 布尔运算

一、基础知识的介绍

学习实体 \ 并集和实体 \ 差集。

二、任务实施

第一步：选择菜单栏上的"实体 \ 并集"，此时命令栏提示"选择要并集的曲面或多重曲面"，选择加强筋和环形零件，回车。

第二步：选择菜单栏上的"实体 \ 差集"，此时命令栏提示"选择第一组曲面或多重曲面"，选择环形零件。接着命令栏提示"选择第二组曲面或多重曲面"，选择三个圆柱，回车。完成的效果如图 4-7。

三、任务小结

运用布尔运算工具创建并集和差集。

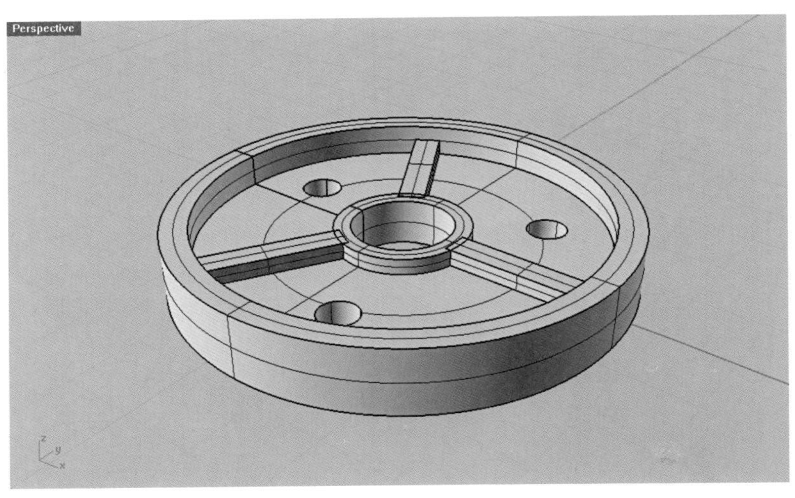

图 4-7

第五章　玩具鸭子的模型制作

【学习任务】

学习创建球体。学习通过移动控制点来缩放物体。学习插入控制点来进一步编辑形体。学习分割物体；学习改变物体颜色；学习修剪物体；学习隐藏物体。学习挤出曲面；学习混接曲面。学习创建椭圆体。学习将物体定位在某一曲面上。学习镜像复制物体。学习给物体赋予材质。

【任务目标】

通过学习创建玩具鸭子的模型制作。

【任务要求】

造型准确，建模思路清晰，使用的方法正确。

第一节 创建球体

一、基础知识的介绍

学习创建球体。

二、任务实施

第一步：打开 Rhino 软件，弹出“启动模板”。在“选择 Rhino 启动时使用的模型尺寸和单位”时，选择“small object centimeters”（小物体，单位是厘米），点击“打开”。

第二步：选择菜单栏上的“实体\球体\中心点、半径”。此时命令栏提示“球体的中心点”，在前视图的任意位置点击设置球体的中心点。接着命令栏提示“半径”，输入“3”，回车。效果如图 5-1。

第三步：点击右键，重复创建球体的命令。在图 5-2 所示位置创建一个半径 5 的球体。

三、任务小结

制作构成鸭子造型的基本球体。

图 5-1

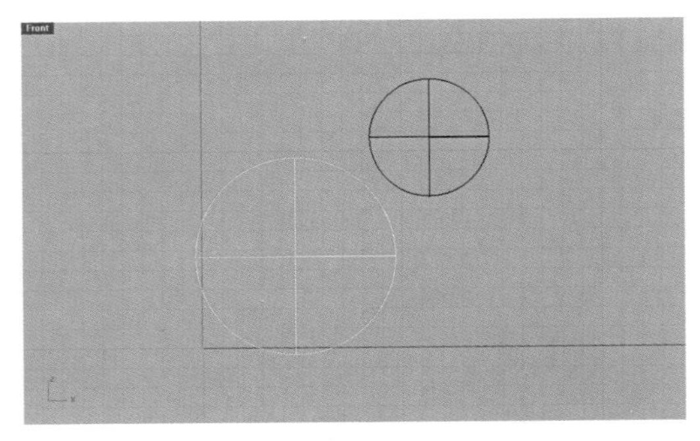

图 5-2

第二节　缩放球体

一、基础知识的介绍

学习通过移动控制点来缩放物体。

二、任务实施

第一步：选中两个球体，再选择菜单栏上的“编辑\重建”。在弹出的“重建曲面”的选项栏中，“点数”项下 U 和 V 都设置成 8，“阶数”项下 U 和 V 均设置成 3。在“选项”下，勾选“排除输入物体”，点击“确定”退出。效果如图 5-3。

第二步：选择大的球体。在工具栏中选择“开启控制点”，然后选择下部的 6 个控制点。再在工具栏中选择“移动\设置 XYZ 坐标”。在弹出的“设置点”选项中，只保留 Z 轴的勾选，点选“以世界坐标对齐”，点击确定。移动控制点到图 5-4 的位置。

第三步：在工具栏“开启控制点”图标上点击右键，关闭控制点。

第四步：激活前视图，选中大球体，在工具栏中选择“缩放\单轴缩放”。任意选择一个基点，点击鼠标左键向右拖动。缩放至如图 5-5 的效果，点击鼠标左键完成。

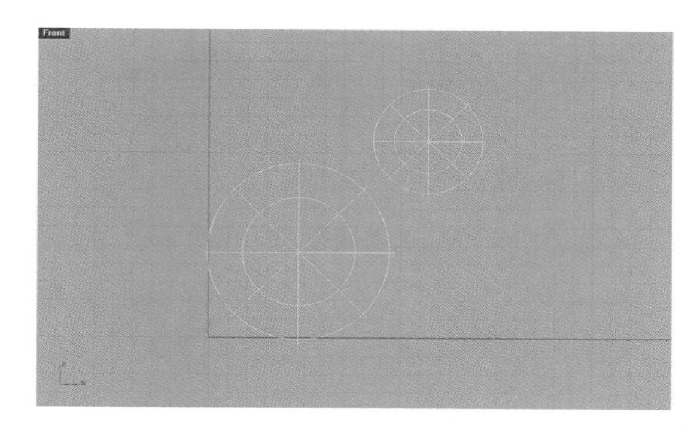

三、任务小结

按照课程讲解，完成球体的创建和编辑。

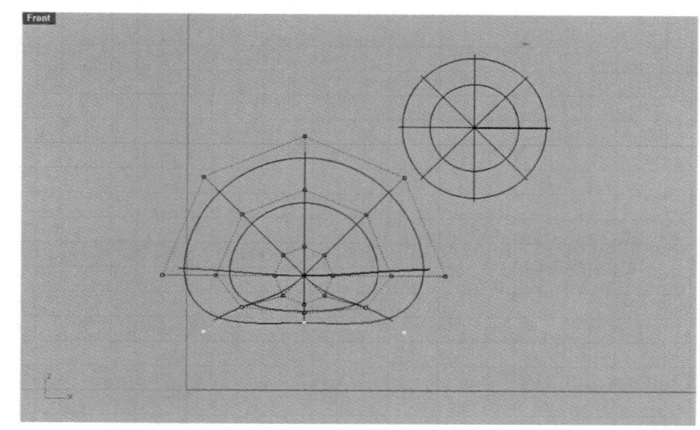

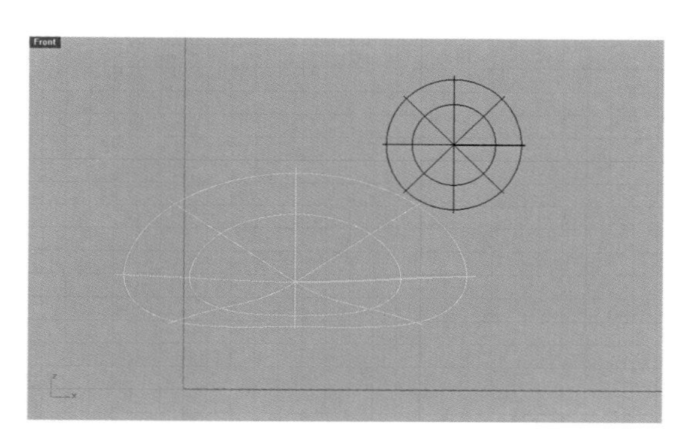

图 5-3
图 5-4
图 5-5

第三节　编辑控制点

一、基础知识的介绍

学习插入控制点来进一步编辑形体。

二、任务实施

第一步：双击前视图的图标，切换成一个视口。选中大的球体，在工具栏中选择“开启控制点”，打开控制点。

第二步：选择右上方的控制点，向上拖动。再选择左上方的控制点，拉出鸭子的尾部，效果如图 5–6。

第三步：选择菜单栏“编辑 \ 控制点 \ 插入节点”，输入“v”（纵向插入节点）。在图 5–7 处插入节点，点击右键确定。

第四步：调整节点，效果如图 5–8。

第五步：调整鸭子的嘴部，效果如图 5–9。

三、任务小结

通过编辑控制点来调整鸭子的头部造型。

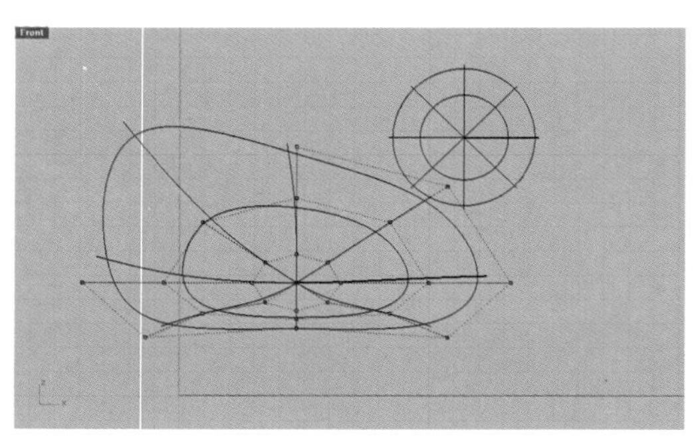

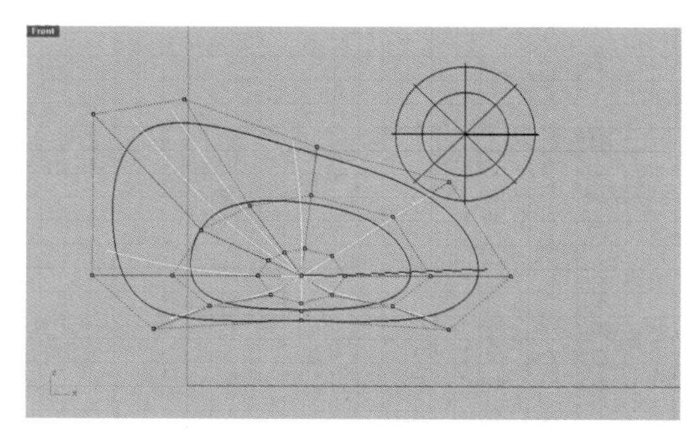

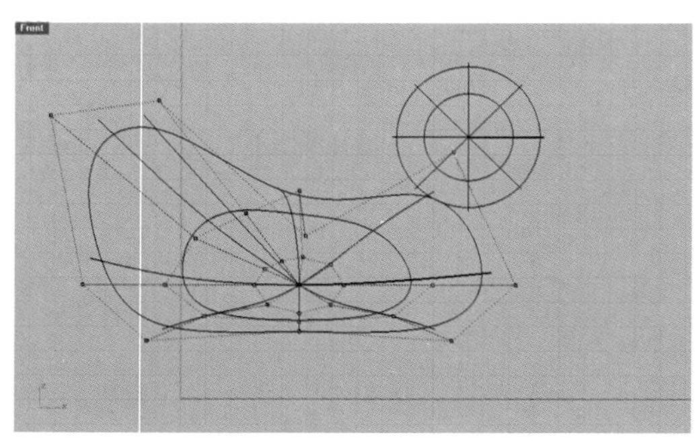

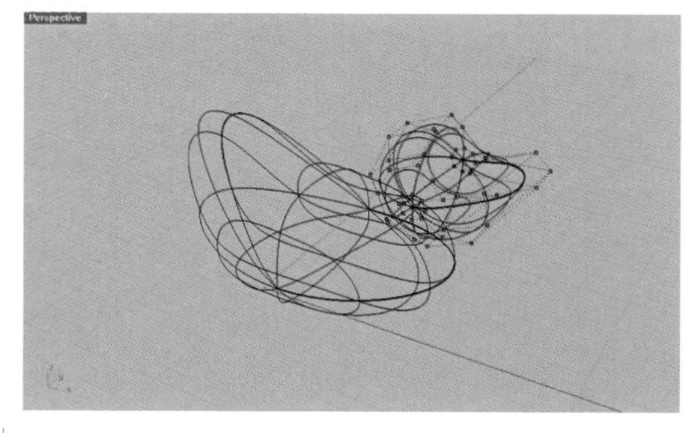

图 5–6　图 5–7

图 5–8　图 5–9

第四节　修剪曲面

一、基础知识的介绍

学习分割物体；学习改变物体颜色；学习修剪物体；学习隐藏物体。

二、任务实施

第一步：点击工具栏上的“控制点曲线”，在前视图绘制控制点曲线，效果如图 5-10。

第二步：选择头部，点击工具栏上的“分割”，再点击刚绘制好的分割线，点击右键完成。效果如图 5-11。

第三步：为了区别颜色，选择鸭子嘴，点击主工具栏上的“物体属性”图标，在弹出的属性选项里将“显示”颜色改成蓝色。效果如图 5-12。

第四步：如图 5-13 绘制直线。选择头部，点击工具栏上的“修剪”图标，在提示“选取切割用物体”时选择直线；在提示“选取要修剪的物体”时，点击头部下方，修剪后的效果如图 5-13。

第五步：点击主工具栏上的“隐藏物体”，再选取视图里面的曲线，点击右键完成隐藏。

三、任务小结

通过分割、修剪、改变物体颜色完成鸭子的嘴部造型。

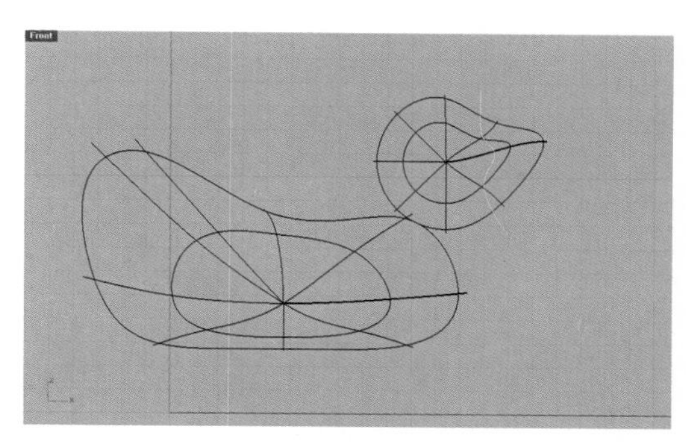

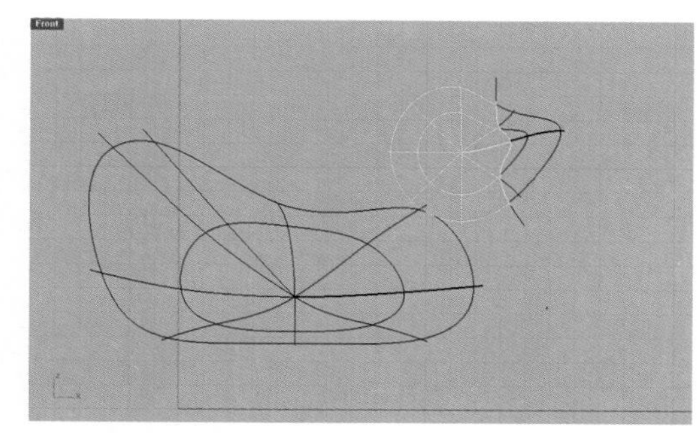

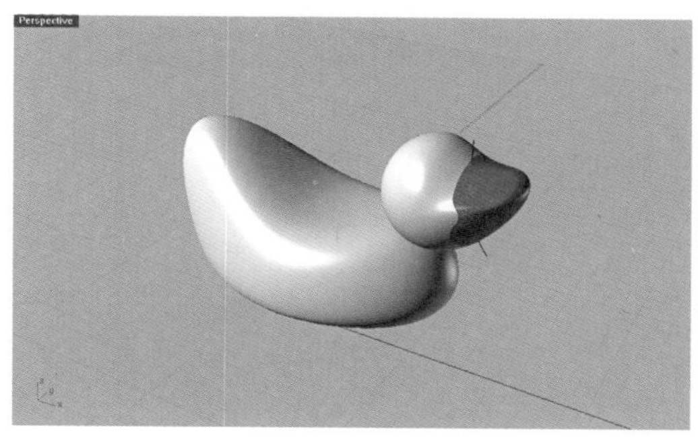

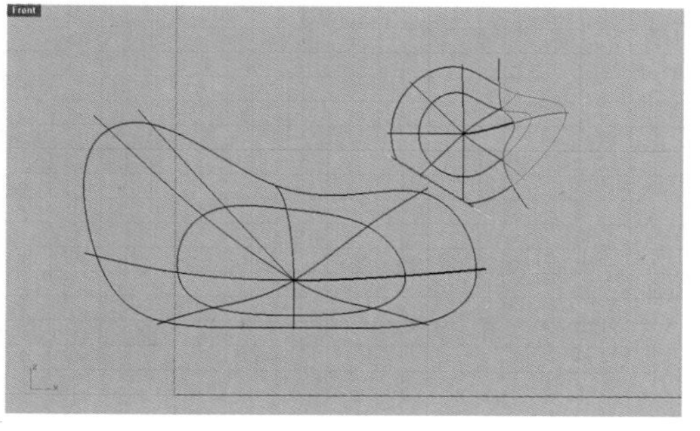

图 5-10　图 5-11

图 5-12　图 5-13

第五节　制作颈部

一、基础知识的介绍

学习挤出曲面；学习混接曲面。

二、任务实施

第一步：选择菜单栏上的“曲面\挤出曲线\直线”，如图选择曲线，输入“b”（单向挤出），回车。向下方拖动，点击左键完成圆柱曲面的挤出，效果如图 5–14。

第二步：点击工具栏上的“修剪”图标，在提示“选取切割用物件”时，选取刚挤出的圆柱曲面。在提示“选取要修剪的物体”时，选取身体上圆柱包含的部分，在身体上修剪出一个孔洞来。隐藏圆柱，效果如图 5–15。

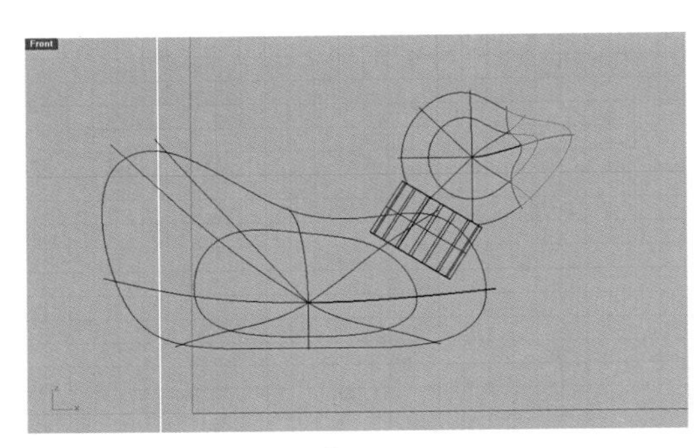

图 5–14

第三步：选择菜单栏上的“曲面\混接曲面”，根据提示选择第一个边缘的第一段，然后再根据提示选择第二个边缘的第一段，点击右键完成。在弹出的菜单中，“调整混接转折”的数值为 0.3，点击“确定”完成。效果如图 5–16。

三、任务小结

运用挤出和混接工具完成鸭子颈部的造型。

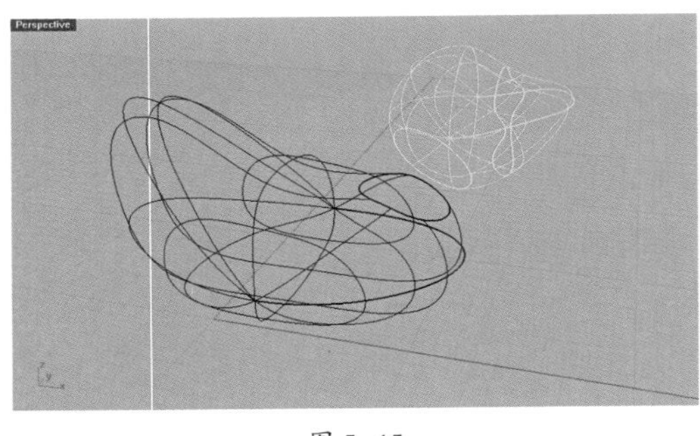

图 5–15

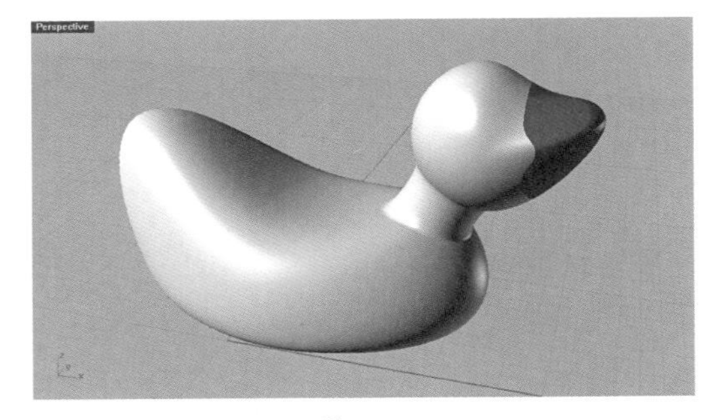

图 5–16

第六节　制作眼睛

一、基础知识的介绍

学习创建椭圆体；复习分割；复习群组。

二、任务实施

第一步：选择菜单栏上的“实体\椭圆体\从中心点”。先在前视图点击左键后向上拖动，

图 5–17

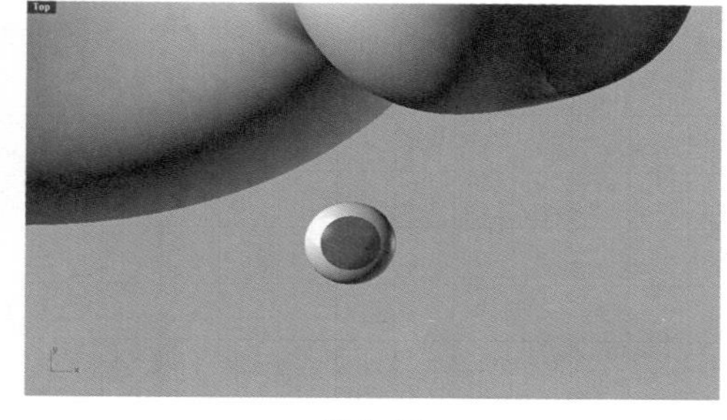

图 5–18

再点击左键后向右拖动，最后将鼠标移动到俯视图上下拖动完成第一轴点、第二轴点和第三轴点的创建，完成的效果如图 5–17。

第二步：点击工具栏上的“分割”图标，命令栏提示“选择要分割的物体”，我们在俯视图中左键选中刚创建的椭圆体，然后点击右键完成选择。这时命令栏提示“选择切割用物体”，输入“i”，用结构线来切割。改变颜色后效果如图 5–18。

第三部：为了操作方便，可以将物体群组。方法是选中要群组的物体，再点击主工具栏上的“群组”图标。

三、任务小结

运用椭圆体工具创建鸭子的眼睛，分割出瞳孔的颜色。

第七节　将眼睛定位到头部

一、基础知识的介绍

学习将物体定位在某一曲面上。

二、任务实施

第一步：在前视图选择刚创建的眼睛，再选择菜单栏中的“变动 \ 定位 \ 曲面上”。

第二步：命令栏提示“参考点 1”时，勾选状态栏上“中心点物件锁点”，再点击眼睛的中心点，点击右键完成。

第三步：这时提示“参考点 2”，在前视图向右拖动鼠标，点击左键完成。

第四步：命令栏提示“定位于其上的曲面”，选择头部曲面。在弹出的选项中，勾选“刚体”，点击“确定”。效果如图 5–19。

图 5–19

三、任务小结

运用定位工具将眼睛定位到头部合适的位置。

第八节　镜像复制眼睛

一、基础知识的介绍

学习镜像复制物体。

二、任务实施

第一步：选择菜单栏中的“变动\镜像”，再选择眼睛。

第二步：勾选状态栏上“端点物件锁点”和“中心物件锁点”，并点击状态栏上的“正交”，打开正交模式。

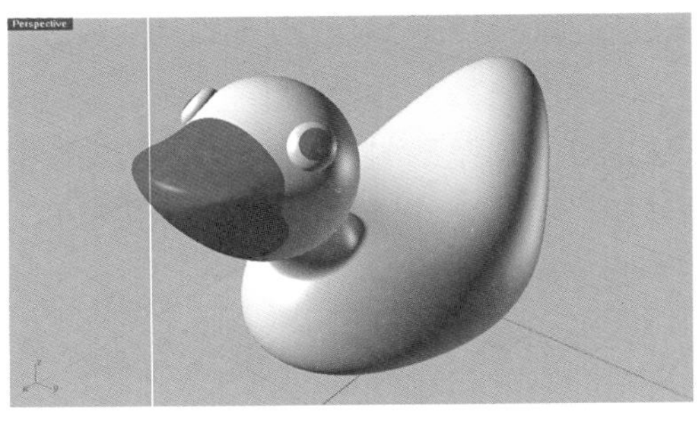

图 5-20

第三步：在俯视图先点击嘴部，再向左拖动鼠标点击左键完成。镜像复制出的眼睛如图 5-20。

三、任务小结

运用镜像复制工具复制出鸭子的另外一只眼睛。

第九节　给鸭子附材质

一、基础知识的介绍

学习给物体赋予材质。

二、任务实施

第一步：点击主工具栏上的“物件属性”图标，打开物件属性的各种选项。

第二步：选中鸭子身体，在“属性”下面的窗口里的“物件”切换成“材质”。选择“基本的”颜色，设置成淡黄色。

第三步：用相同方法将鸭子的嘴部改成橘色。

第四步：选中眼睛，再点击工具栏上的“解散群组”，将眼睛的群组解散。再将眼球的颜色改成黑色。

图 5-21

第五步：点击标准工具栏上的“渲染”图标，渲染出的效果如图 5-21。

三、任务小结

运用物体属性里的颜色设置，赋予鸭子身体不同部位的各种颜色。

第六章　雕刻文字的模型制作

【学习任务】

复习立方体的创建。学习抽离曲面、重建曲面；复习通过移动控制点编辑物体；复习组合；学习将平面洞加盖。学习边缘圆角。学习创建实体文字。复习差集。

【任务目标】

创建一个带有雕刻文字的标牌模型。

【任务要求】

尺寸精确，制作流程清晰，工具使用得当。

第一节 立方体曲面

一、基础知识的介绍

复习立方体的创建。

二、任务实施

第一步：双击 Rhino 图标，打开 Rhino 软件，弹出“启动模板”。要求我们“选择 Rhino 启动时使用的模型尺寸和单位”。选择“small object millimeters”（小物体，单位是毫米，使用的精确度是 0.01mm），点击“打开”。

第二步：激活俯视图。选择菜单栏上的“实体 \ 立方体 \ 角对角、高度”，此时命令栏提示输入“底面的第一角”，输入“0，0”，回车。接着命令栏提示输入“底面的其他角或长度”，输入“15”,回车。接下来提示“宽度”,输入“6”,回车。此时命令栏提示输入“高度”,输入“1”，回车，效果如图 6–1。

三、任务小结

按照尺寸要求创建一个立方体。

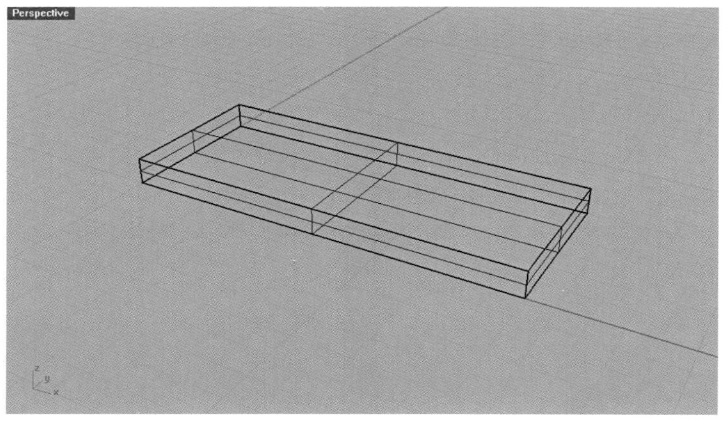

图 6–1

第二节　重建曲面

一、基础知识的介绍

学习抽离曲面、重建曲面；复习通过移动控制点编辑物体；复习组合；学习将平面洞加盖。

二、任务实施

第一步：选择菜单栏上的“实体\抽离曲面”后，选取如图 6-2 的三个曲面，点击右键完成。

第二步：选取如图 6-3 的两个小曲面，按键盘上的 Delete 删除。

第三步：选中顶部曲面，再选择菜单栏上的“编辑\重建”。在弹出的“重建曲面”的选项栏中，“点数”项下 U 和 V 都设置成 4，“阶数”项下 U 和 V 均设置成 3，点击“确定”退出。

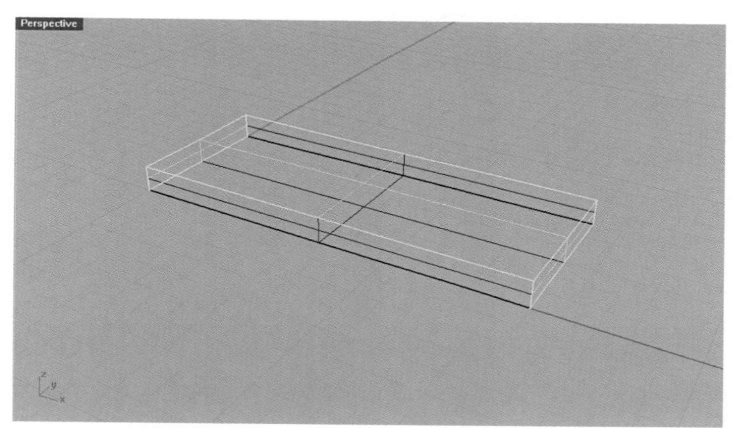

图 6-2

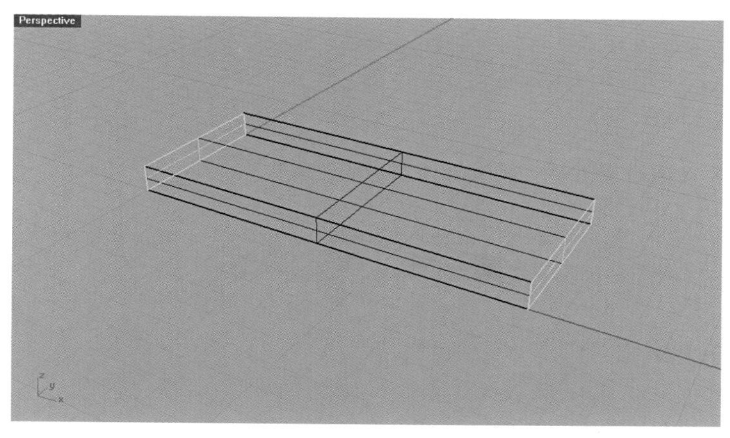

图 6-3

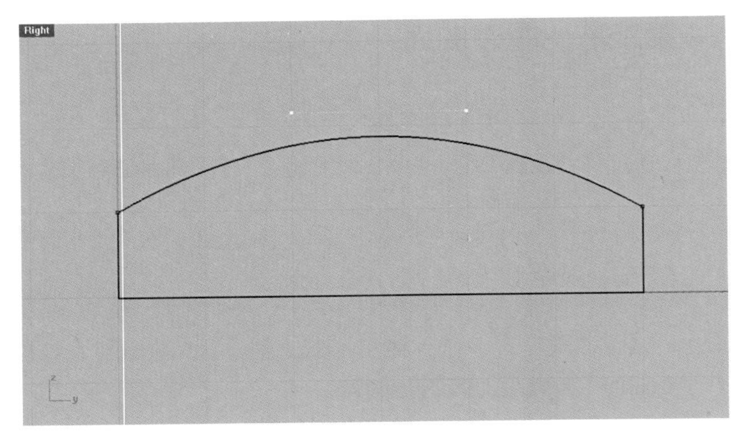

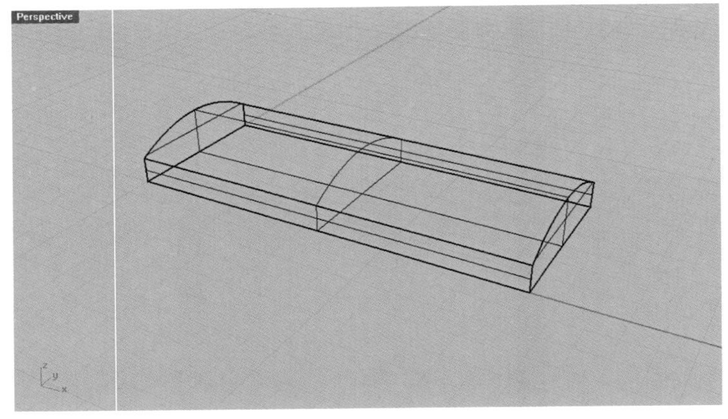

图 6-4
图 6-5

第四步：选择顶部曲面，在工具栏中点击“开启控制点”图标，然后在右视图中从左向右圈选中间的两排控制点，向上移动至图 6-4 所示的位置。再在工具栏中右键点击“开启控制点”图标，关闭控制点。

第五步：全选曲面，再选择菜单栏上的“编辑 \ 组合”，将曲面组合。

第六步：选择组合后的曲面，再选择菜单栏上的“实体 \ 将平面洞加盖”，如图 6-5，两端的孔洞就封闭上了。

三、任务小结

按照课程要求编辑立方体，造型要准确。

第三节　曲面圆角

一、基础知识的介绍

学习边缘圆角。

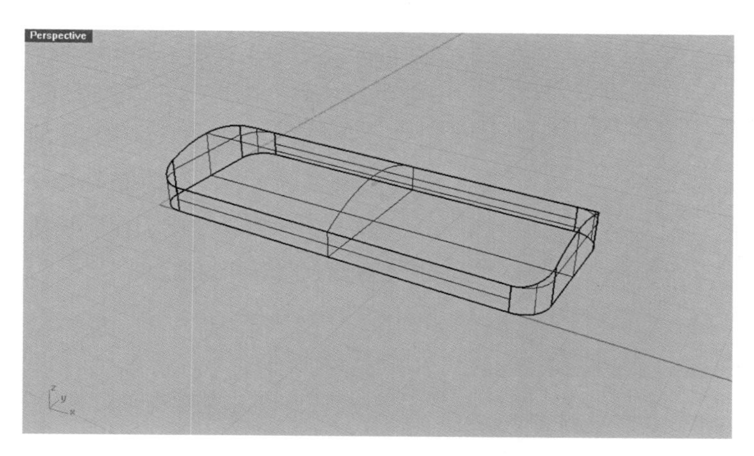

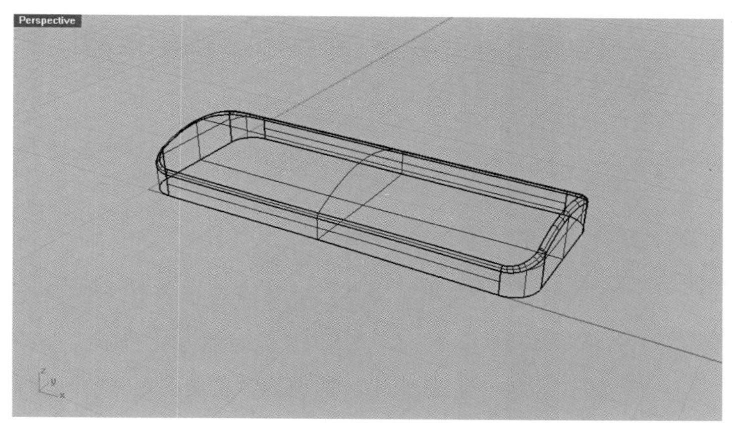

图 6-6
图 6-7

二、任务实施

第一步：选择菜单栏上的“实体 \ 边缘圆角 \ 边缘圆角”，半径按默认 1mm，如图选取四条垂直的边缘，点击两次右键完成。效果如图 6-6。

第二步：用同样的方法创建半径 0.2mm 的圆角，效果如图 6-7。

三、任务小结

按照尺寸要求完成边缘圆角，造型要准确。

第四节　创建立体文字

一、基础知识的介绍

学习创建实体文字。

二、任务实施

第一步：选择菜单栏上的“实体 \ 文字”。在弹出的选项框中，“要建立的文字”下，输入：

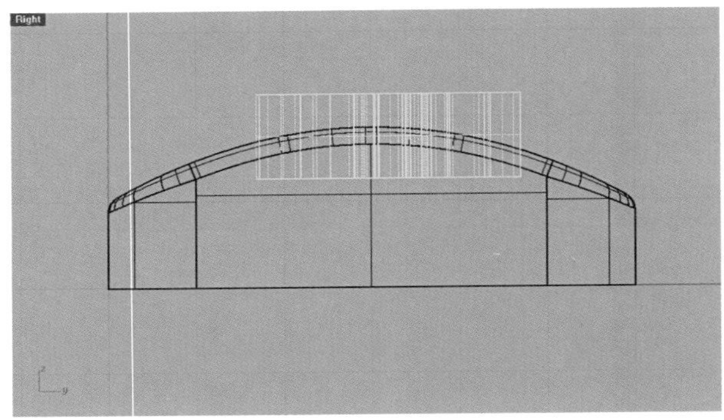

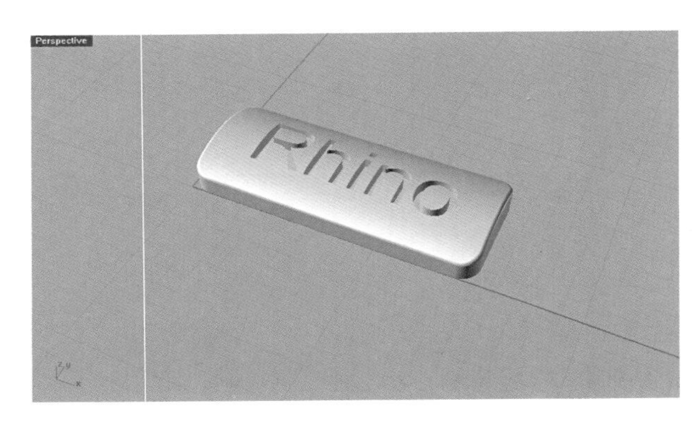

图 6-8
图 6-9
图 6-10

"Rhino"；字形\名称：Arial Black；建立：实体；高度：3；实体厚度：1。点击"确定"退出。在俯视图的合适位置放置文字。效果如图 6-8。

第二步：圈选文字，在前视图向上移动到图 6-9 的位置。

三、任务小结

按照尺寸要求创建实体文字。

第五节　布尔运算

一、基础知识的介绍

复习差集。

二、任务实施

第一步：选择菜单栏上的"实体\差集"，此时命令栏提示"选择第一组曲面或多重曲面"，选择底座部分。接着命令栏提示"选择第二组曲面或多重曲面"，圈选文字，回车。完成的效果如图 6-10。

三、任务小结

按照课程要求完成实体差集。

第七章　电话听筒的模型制作

【学习任务】

学习创建和编辑图层；学习在不同的图层里绘制图形。复习挤出曲面；学习沿着曲线挤出曲面；学习挤出锥状曲面；学习通过平面曲线创建曲面。复习修剪；复习分割；复习改变物件图层；复习组合；复习边缘圆角；复习布尔运算；复习通过挤出直线创建曲面。

【任务目标】

创建一个电话机的模型。

【任务要求】

尺寸精确，制作流程清晰，工具使用得当。

第一节　创建图层

一、基础知识的介绍

学习创建和编辑图层；学习在不同的图层里绘制图形。

二、任务实施

第一步：双击 Rhino 图标，打开 Rhino 软件，弹出“启动模板”。要求我们“选择 Rhino 启动时使用的模型尺寸和单位”。选择“small object millimeters”（小物体，单位是毫米，使用的精确度是 0.01mm），点击“打开”。

第二步：选择菜单栏上的“编辑 \ 图层 \ 编辑图层”。在弹出的编辑窗口中，如图 7–1 设置 8 个图层，分别命名为：上壳、下壳、沿曲线挤出、两侧挤出、挤出、锥形挤出、挤出到点和按键曲线。

第三步：如图 7–2 在“沿曲线挤出”图层绘制曲线（在俯视图绘制弧线，在右视图绘制梯形）。

第四步：如图 7–3 在“两侧挤出”图层绘制曲线（在俯视图绘制）。

第五步：如图 7–4 从“沿曲线挤出”图层复制梯形曲线到“挤出”图层。

第六步：如图 7–5 在“锥状挤出”图层绘制曲线（在前视图绘制）。

第七步：如图 7–6 在“挤出到点”图层绘制曲线。

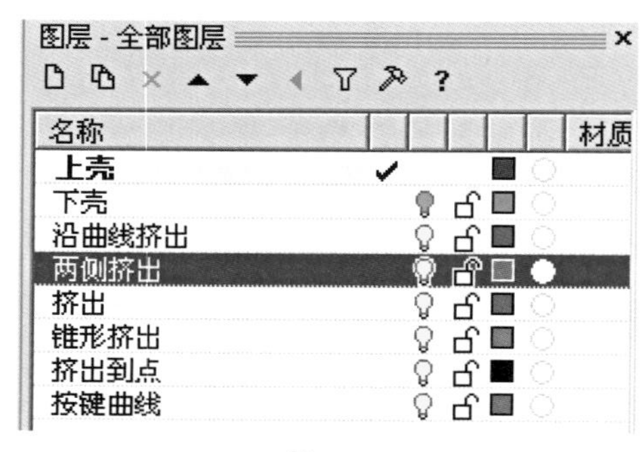

图 7–1

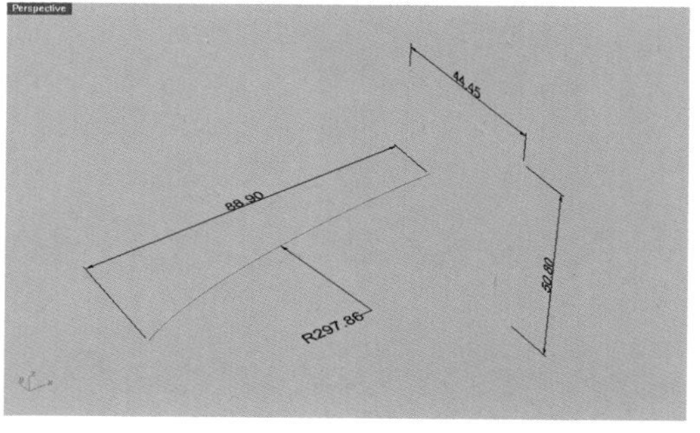

图 7–2

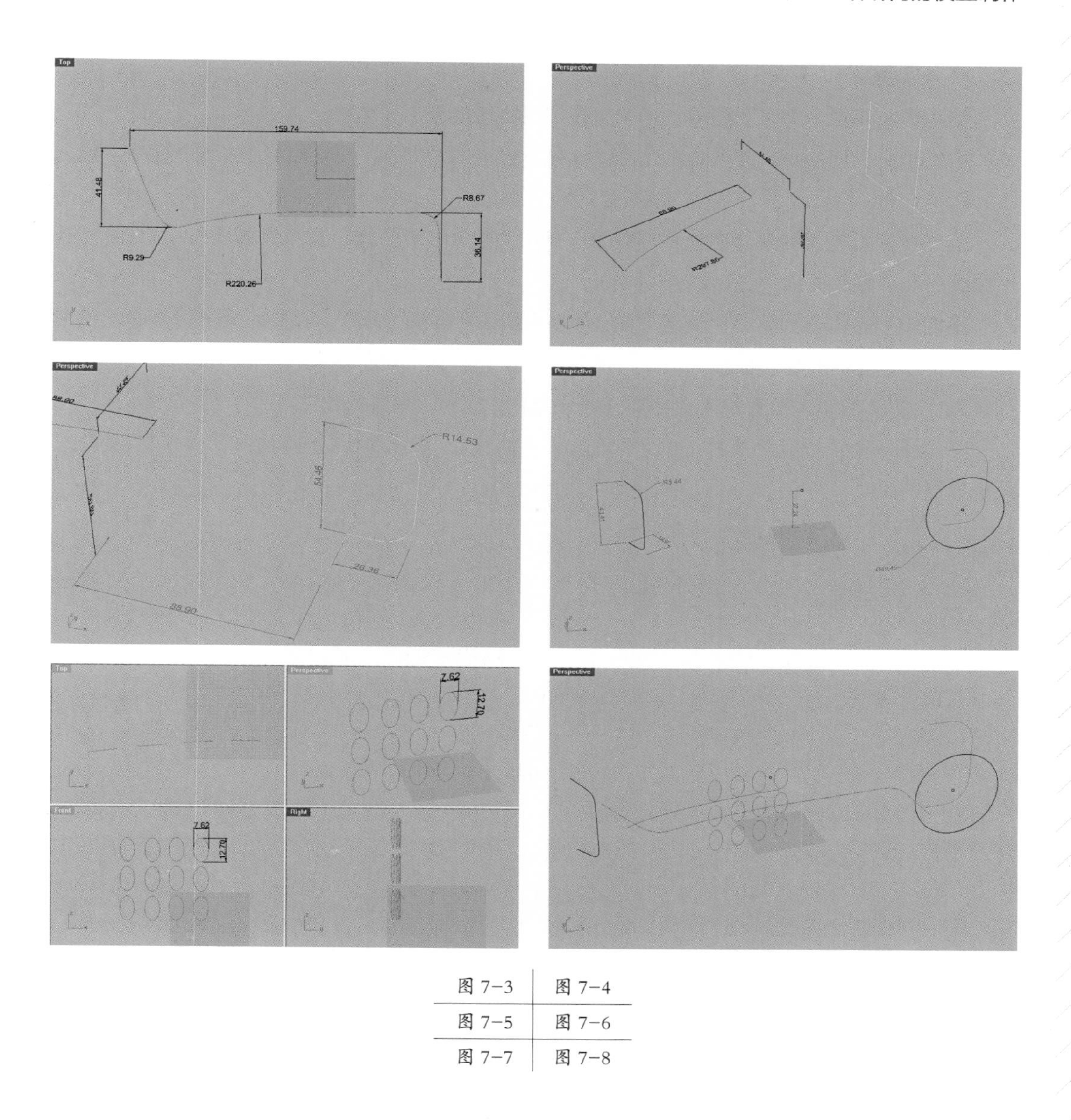

图 7–3	图 7–4
图 7–5	图 7–6
图 7–7	图 7–8

第八步：如图 7–7 在“按键曲线”图层绘制曲线。最后完成的效果如图 7–8。

三、任务小结

正确设置图层，在规定的图层里绘制规定的图形。

第二节　创建上壳

一、基础知识的介绍

复习挤出曲面；学习沿着曲线挤出曲面；学习挤出锥状曲面；学习通过平面曲线创建曲面。

二、任务实施

第一步：双击“上壳”图层，将“上壳”图层切换为工作图层。

第二步：如图 7–9，选择曲线，再选择菜单栏上的“曲面 \ 挤出曲线 \ 直线”命令，输入“–90”。

第三步：点击选择菜单栏上的“曲面 \ 挤出曲线 \ 沿着曲线”命令，如图 7–10 选择“挤出曲线”和“路径曲线”，效果如图 7–11。

第四步：点击选择菜单栏上的“曲面 \ 挤出曲线 \ 锥状”命令，在提示“选取要挤出的曲线”时，选取后部的 C 型曲线，回车。在提示“挤出距离”时，输入“r”（拔模角度），回车。再输入“–3”，回车。接着输入“10”（挤出距离），回车。效果如图 7–12。

第五步：点击选择菜单栏上的“曲面 \ 平面曲线”，如图 7–13 选择曲线，点击右键完成，效果如图 7–14。

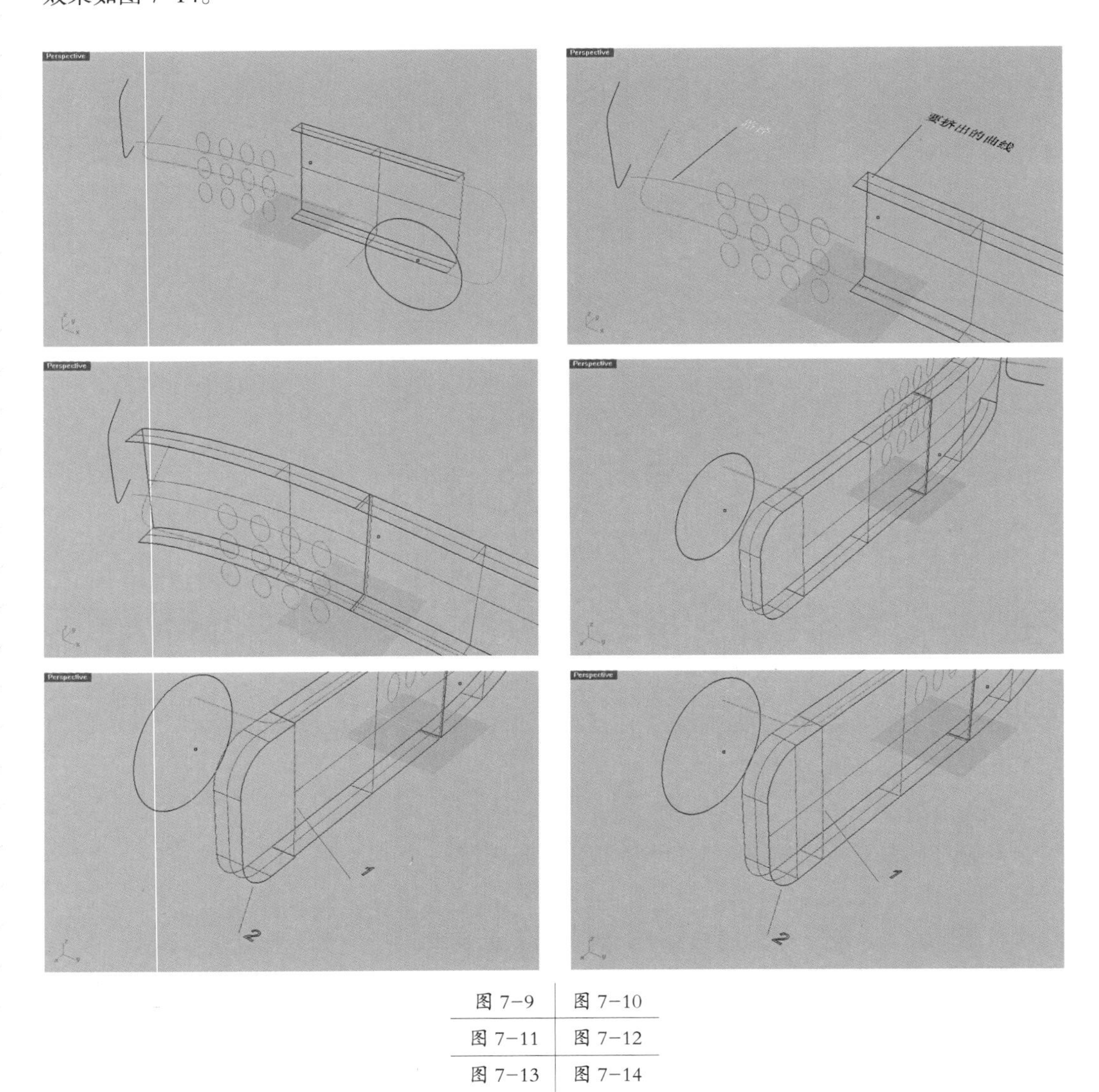

图 7–9	图 7–10
图 7–11	图 7–12
图 7–13	图 7–14

三、任务小结

按照课程讲解，创建完成电话机的上壳。

第三节　创建下壳

一、基础知识的介绍

复习挤出曲面；学习沿着曲线挤出曲面；学习挤出锥状曲面；学习通过平面曲线创建曲面。

二、任务实施

第一步：双击“下壳”图层，将“下壳”图层切换为工作图层。

第二步：如图 7–15 选择曲线，再选择菜单栏上的“曲面 \ 挤出曲线 \ 直线”命令，输入“–90”。

第三步：点击选择菜单栏上的“曲面 \ 挤出曲线 \ 沿着曲线”命令，再选择曲线，效果如图 7–16。

第四步：点击选择菜单栏上的“曲面 \ 挤出曲线 \ 锥状”命令，在提示“选取要挤出的曲线”时，选取后部的 C 型曲线，回车。在提示“挤出距离”时，输入“r”（拔模角度），回车。再输入“–3”，回车。接着输入“–35”（挤出距离），回车。效果如图 7–17。

第五步：点击选择菜单栏上的“曲面 \ 平面曲线”，如图 7–18 选择曲线。点击右键完成，效果如图 7–19。

三、任务小结

按照课程讲解，创建完成电话机的下壳。

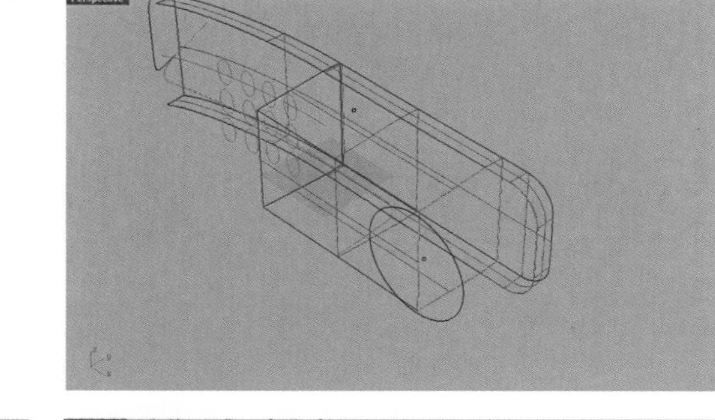

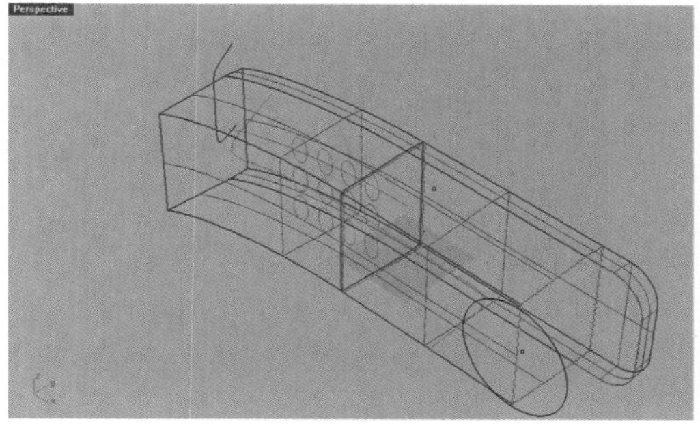

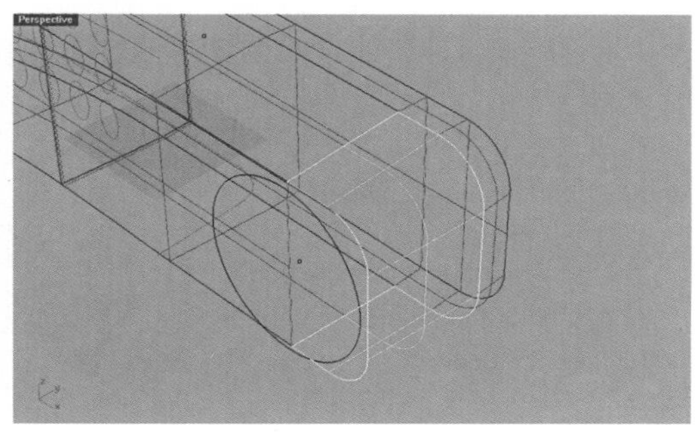

	图 7–15
图 7–16	图 7–17

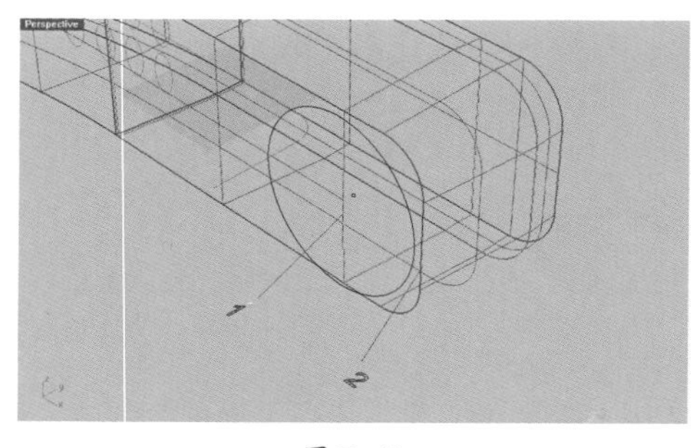

图 7-18

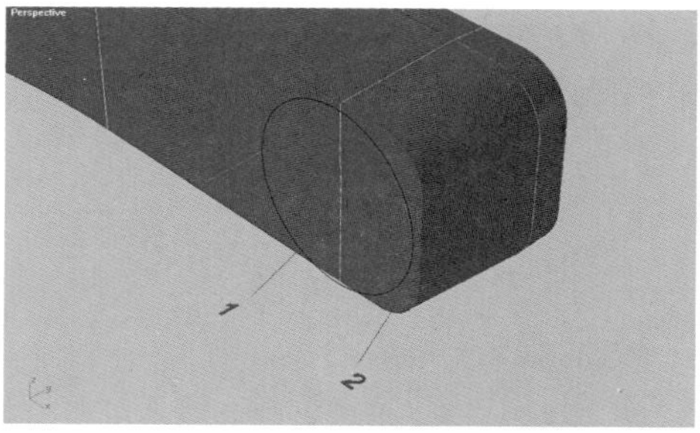

图 7-19

第四节 修 剪

一、基础知识的介绍

复习修剪。

二、任务实施

第一步：如图 7-20 选择曲线，再选择菜单栏上的“曲面 \ 挤出曲线 \ 直线”命令。

第二步：按 b（两侧挤出），回车。挤出的距离输入“30”，回车。效果如图 7-21。

第三步：将上下壳的曲面“组合”。点击主工具栏上的“修剪”图标，在提示“选取切割用物体”时，选取刚组合的曲面，回车。在提示“选取要修剪的物体”时，选取 S 形曲面。效果如图 7-22。

第四步：再点击主工具栏上的“修剪”图标，在提示“选取切割用物体”时，选取 S 形曲面，回车。在提示“选取要修剪的物体”时，选取上下壳曲面多余的部分。效果如图 7-23。

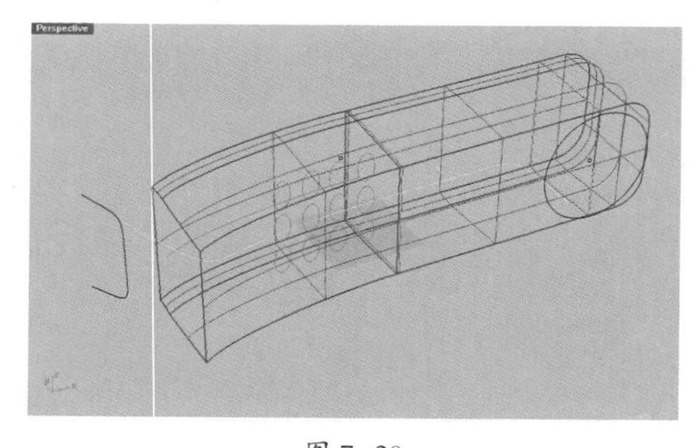

图 7-20

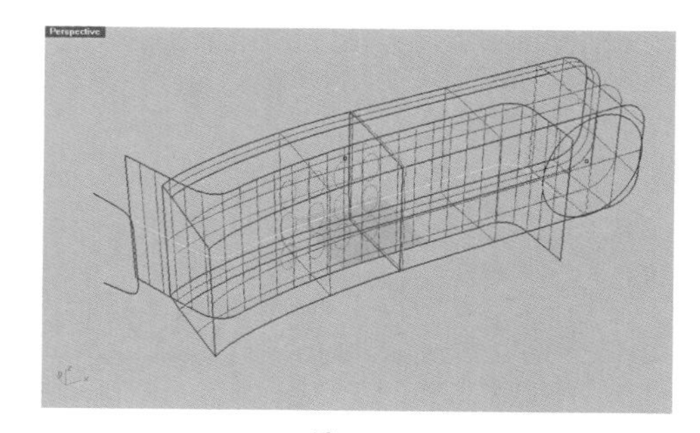

图 7-21

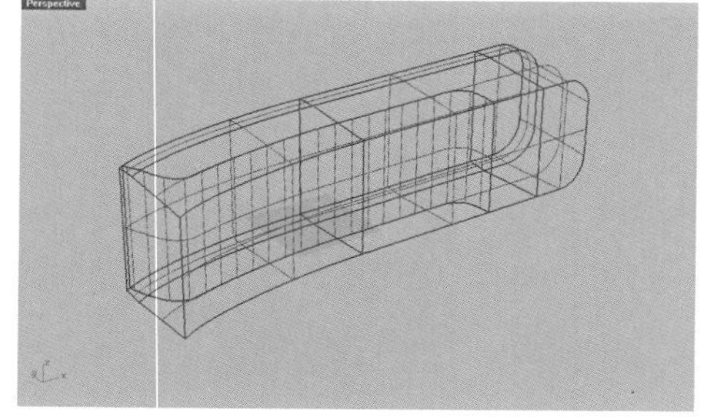

图 7-22

图 7-23

三、任务小结

按照课程讲解，完成修剪效果。

第五节　分　　割

一、基础知识的介绍

复习分割。

二、任务实施

第一步：滚动鼠标滚轮，将视口中的模型放大至如图 7-24。

第二步：选择菜单栏上的“编辑 \ 分割”，在命令栏里提示“选择要分割的物体”时，输入“i”（结构线），回车。

第三步：选择 S 形曲面，提示“分割点”时，输入“v”（分割方向），回车。点击如图 7-25 处的分割点。点击右键完成分割。

三、任务小结

按照课程讲解，完成分割效果。

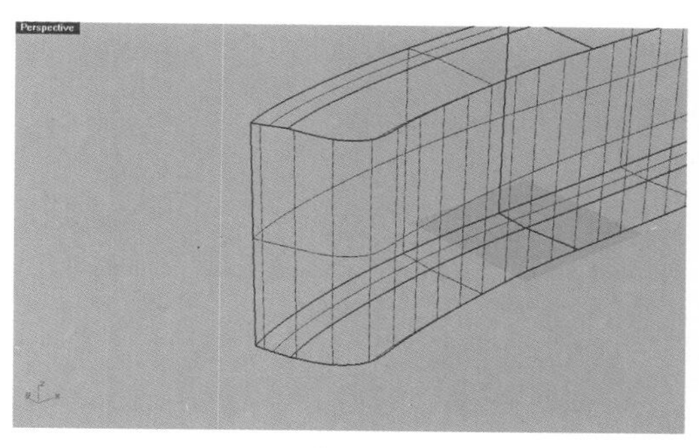

图 7-24

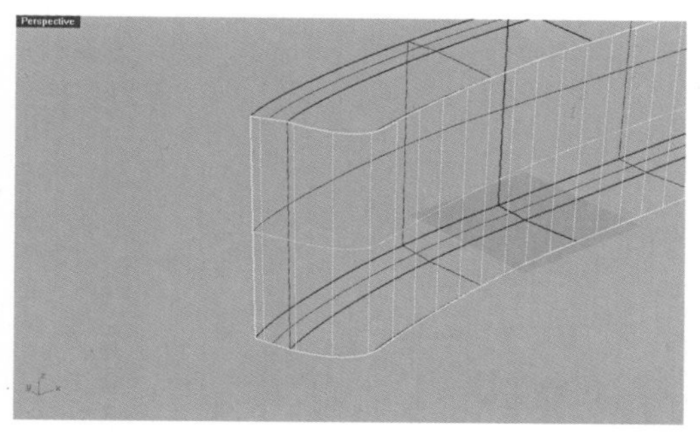

图 7-25

第六节　改变物件图层

一、基础知识的介绍

复习改变物件图层。

二、任务实施

第一步：选择上下壳曲面，在主工具栏上点击“炸开”。再选取上壳曲面，在标准工具栏上点击“编辑图层 \ 改变物件图层”。在弹出的窗口中选择“上壳”图层。效果如图 7-26。用同样的方法将下壳曲面放入“下壳”图层。

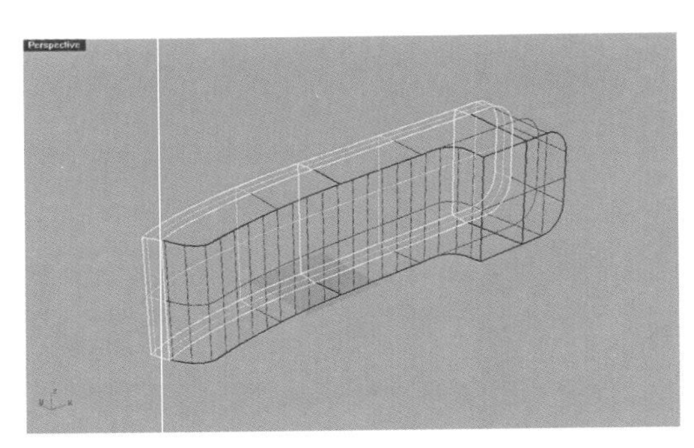

图 7-26

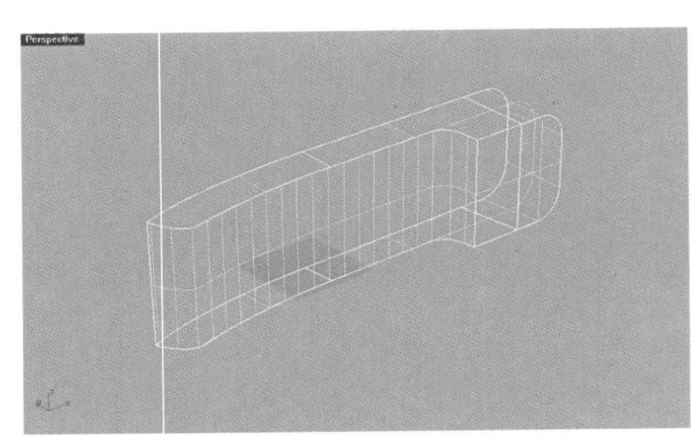

图 7-27

三、任务小结

按照课程讲解，改变相应物件的图层。

第七节　物件组合

一、基础知识的介绍

复习组合。

二、任务实施

第一步：将所有曲线图层都关掉，只留"上壳"图层，选中全部上壳曲面，点击主工具栏上的"组合"图标，完成组合。

第二步：用同样方法，将下壳曲面组合。效果如图 7–27。

三、任务小结

按照课程讲解，组合相应曲面。

第八节　边缘圆角

一、基础知识的介绍

复习边缘圆角。

二、任务实施

第一步：选择菜单栏中的"实体\边缘圆角\边缘圆角"，输入"5"（圆角半径），回车。接着如图 7–28 选择边缘，点击右键完成。

第二步：关闭"下壳"图层，双击"上壳"图层，将工作图层切换到"下壳"图层。

第三步：选择菜单栏中的"实体\边缘圆角\边缘圆角"，接受 5mm 的半径值，回车，如图 7–29 选择边缘，点击右键完成。

三、任务小结

按照课程讲解，完成边缘圆角的操作。

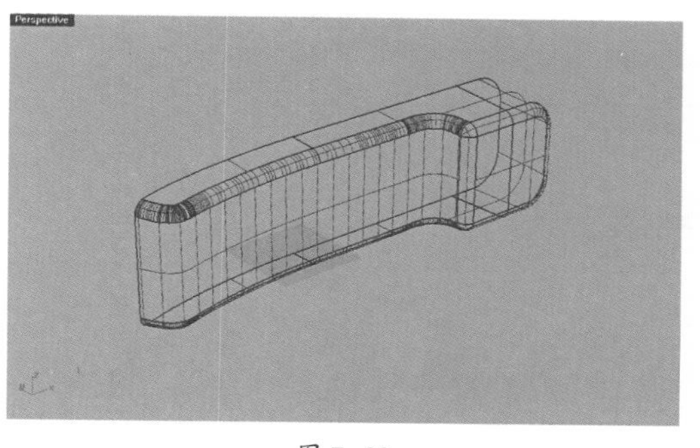
图 7-28

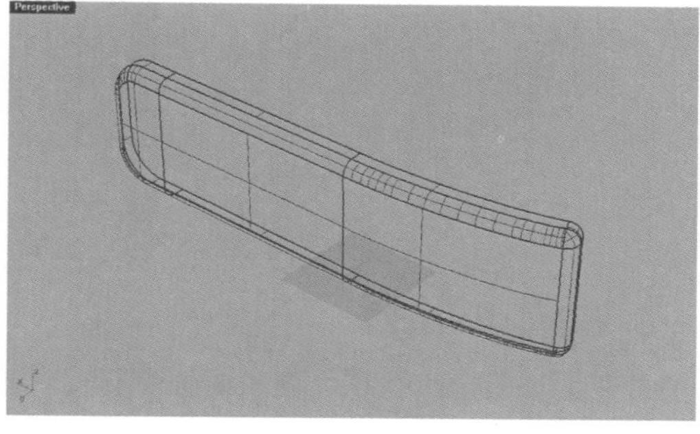
图 7-29

第九节　布尔运算

一、基础知识的介绍

复习布尔运算。

二、任务实施

第一步：关闭“下壳”图层，双击“上壳”图层，将工作图层切换到“上壳”图层。同时打开“挤出到点”图层。

第二步：点击菜单栏上的“实体\挤出曲面\至点”，如图 7-30“选取要挤出的曲线”。点击右键后再点击选取“挤出的目标点”。效果如图 7-30。

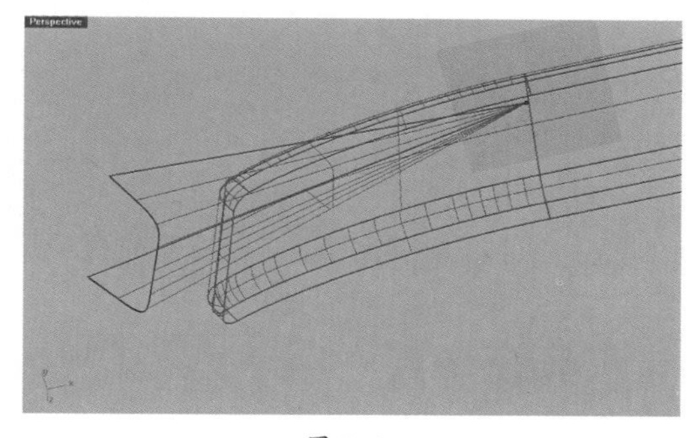
图 7-30

第三步：点击菜单栏上的“实体\差集”，先选择挤出至点的曲面，点击右键后再选择上壳曲面。效果如图 7-31。

第四步：用同样的方法创建下壳的凹陷造型。效果如图 7-32。

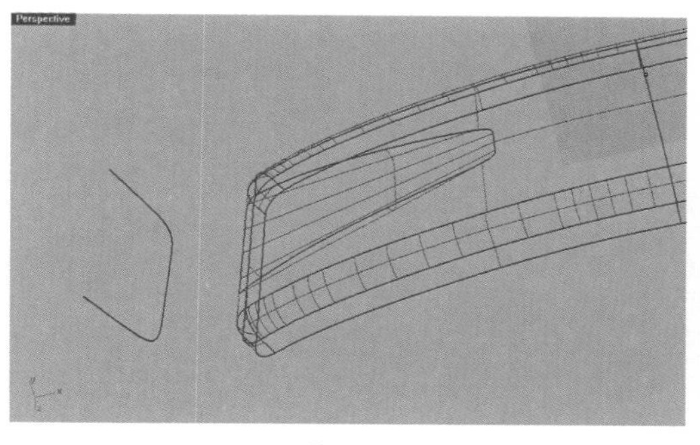
图 7-31

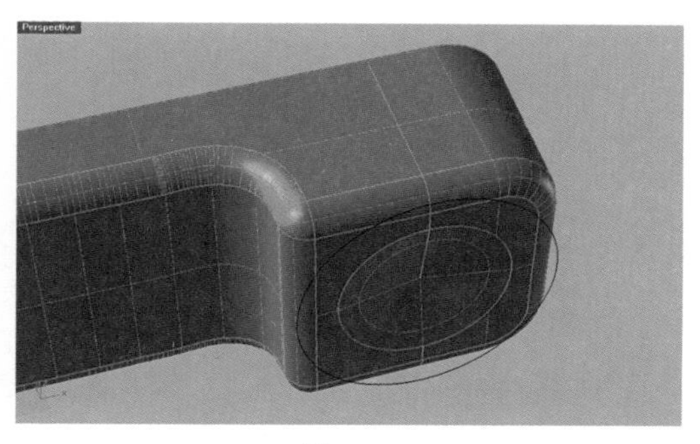
图 7-32

三、任务小结

按照课程讲解，完成布尔运算的操作。

第十节 创建按键

一、基础知识的介绍

复习通过挤出直线创建曲面。

二、任务实施

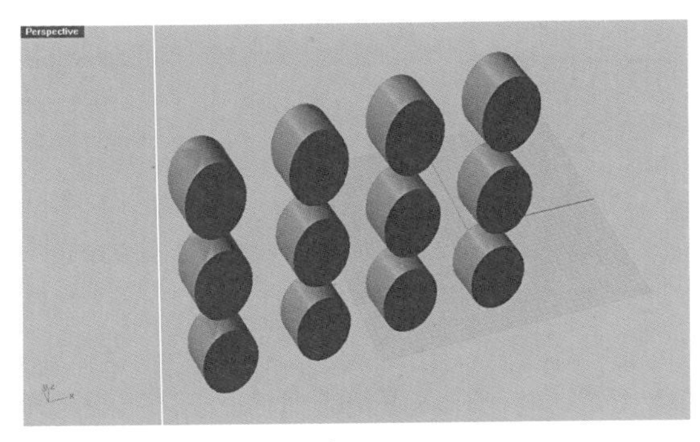

图 7-33

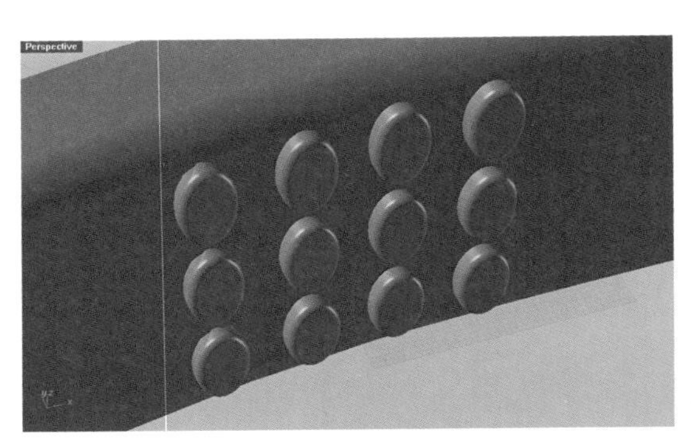

图 7-34

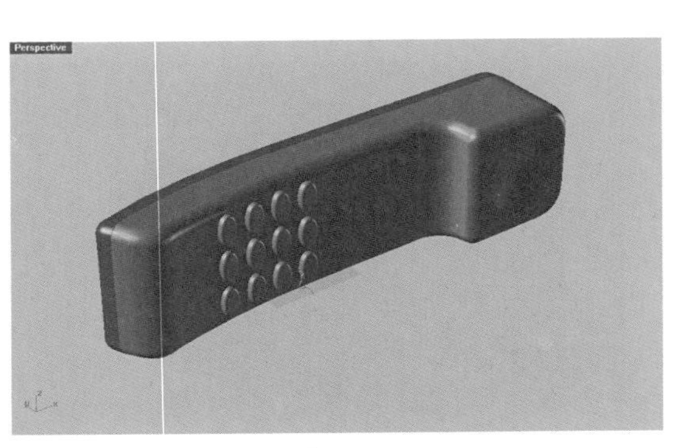

图 7-35

第一步：打开“按键曲线”图层，并切换成工作图层，关闭其余图层。

第二步：点击菜单栏上的“曲面\挤出曲线\直线”命令，再在前视图选取所有按键曲线。在“挤出距离”提示下，输入“c”（加盖），回车后再输入“-5”，完成挤出。效果如图 7-33。

第三步：将下壳显示出来。点击菜单栏中的“实体\边缘圆角\边缘圆角”，输入“c”（半径），回车，再输入“1”，回车。最后如图 7-34 选择边缘，点击右键完成。最后整个电话听筒的效果如图 7-35。

三、任务小结

按键的创建要按照严格的尺寸要求完成。

第八章　果盘的模型制作

【学习任务】

学习创建多边形；学习重建曲线；复习缩放控制点；学习沿路径旋转；复习在不同的视图创建不同的图形。

【任务目标】

创建一个果盘的模型。

【任务要求】

尺寸精确，视图正确，工具使用得当。

第一节　绘制轮廓

一、基础知识的介绍

学习创建多边形；学习重建曲线；复习缩放控制点；复习在不同的视图创建不同的图形。

二、任务实施

第一步：双击 Rhino 图标，打开 Rhino 软件，弹出“启动模板”。要求我们“选择 Rhino 启动时使用的模型尺寸和单位”。选择“small object millimeters”（小物体，单位是毫米，使用的精确度是 0.01mm），点击“打开”。

第二步：点击菜单栏“曲线 \ 多边形 \ 星形”，在提示“星形中心点”时，输入“6”（边数）。在俯视图输入“0、0”，回车。在提示“多边形角”时，输入“100”（多边形的大小），点击左键完成。创建如图 8-1 的星形曲线。

第三步：点击菜单栏“编辑 \ 重建”，在提示“选取要重建的曲线或曲面”时，选择刚创建的星形，点击右键完成。在弹出“重建曲线”的设置窗口时，按默认值，点击“确定”。效果如图 8-2。

第四步：选取星形，点击主工具栏上的“开启控制点”，选中内侧的六个点，再点击主工具栏上的“二轴缩放”，将星形缩放至图 8-3 的效果。

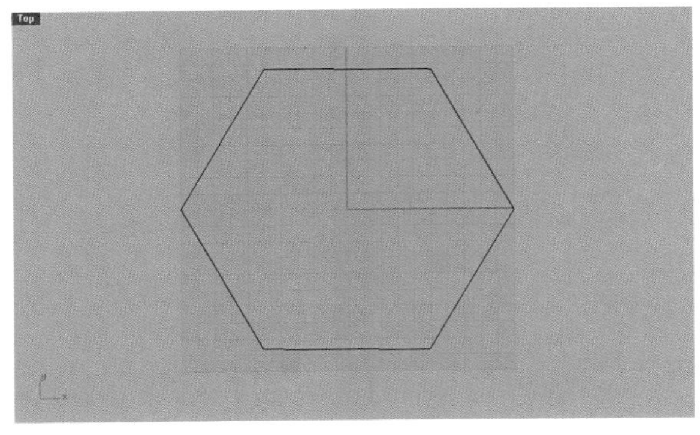

图 8-1

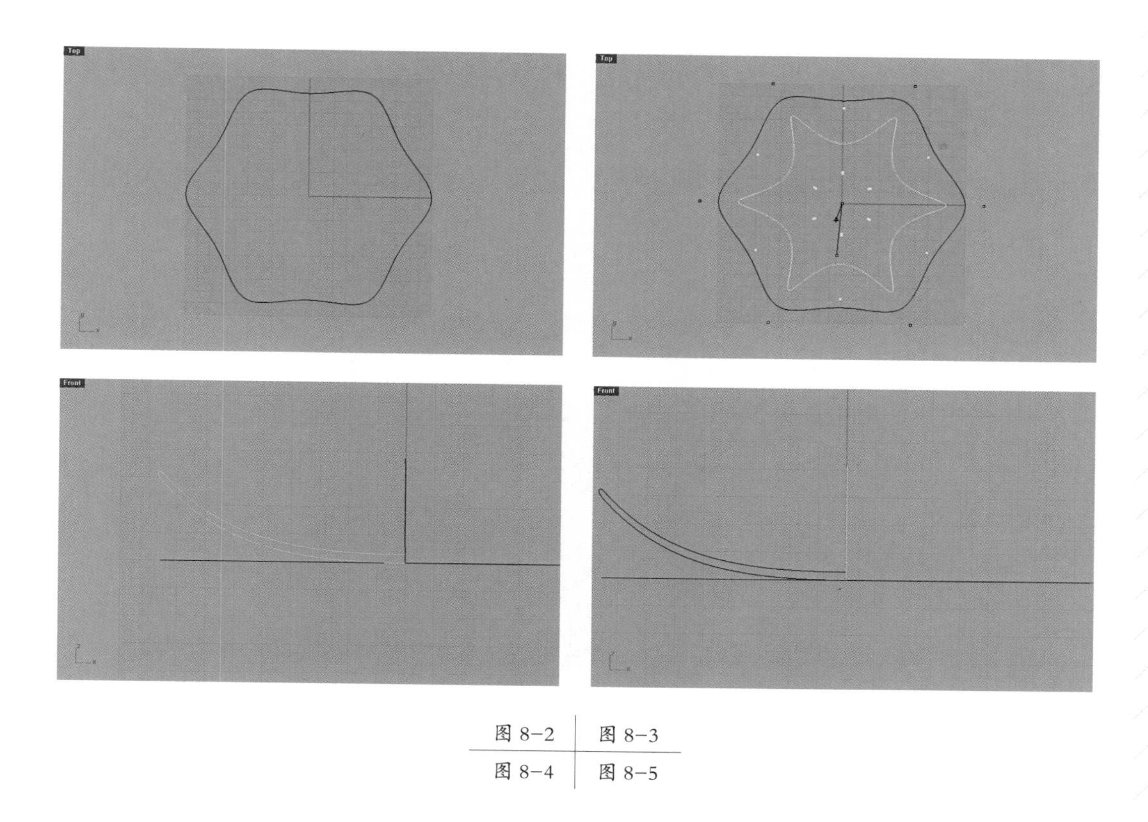

图 8-2	图 8-3
图 8-4	图 8-5

第五步：在前视图绘制如图 8-4 的曲线。

第六步：再在前视图绘制如图 8-5 的中轴线。

三、任务小结

按照课程讲解，完成果盘轮廓的创建。

第二节　沿路径旋转

一、基础知识的介绍

学习沿路径旋转。

二、任务实施

第一步：点击菜单栏上“曲面\沿路径旋转”，在提示“选取轮廓曲线”时，选择前视图的侧面轮廓。

第二步：在提示“选取路径曲线”时，选取星形曲线。

第三步：在提示“路径旋转轴起点”时，选择中轴线的底端。在提示“路径旋转轴终点”时，选择中轴线的顶端。完成的效果如图 8-6。

三、任务小结

按照课程讲解，完成果盘模型的创建。

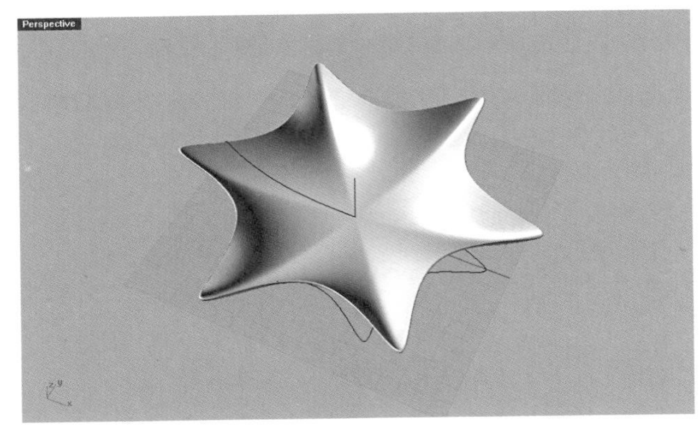

图 8-6

第九章　汽车反光镜的模型制作

【学习任务】

学习绘制椭圆形和圆形；学习移动和旋转图形。学习双轨扫掠生成曲面。复习创建圆柱体；学习按照一定的角度旋转物体。复习双轨扫掠生成曲面。

【任务目标】

创建一个汽车反光镜的模型。

【任务要求】

尺寸精确，造型正确，工具使用得当。

第一节　绘制轮廓

一、基础知识的介绍

学习绘制椭圆形和圆形；学习移动和旋转图形。

二、任务实施

第一步：双击 Rhino 图标，打开 Rhino 软件，弹出“启动模板”。要求我们“选择 Rhino 启动时使用的模型尺寸和单位”。选择“small object millimeters”（小物体，单位是毫米，使用的精确度是 0.01mm），点击“打开”。

第二步：在俯视图绘制椭圆形和圆形，并调整控制点呈图 9-1 的形状。

第二步：在前视图移动和旋转圆形至图 9-2 所示的位置，并如图在前视图绘制两条曲线。

三、任务小结

使用课程介绍的工具绘制汽车反光镜的轮廓。

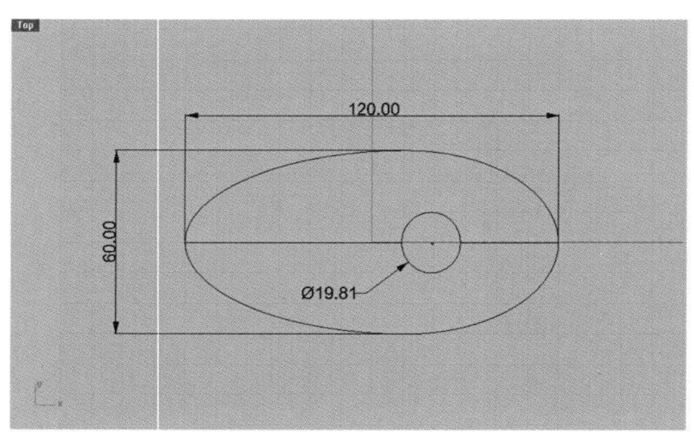

图 9-1　　图 9-2

第二节　创建反光镜底座

一、基础知识的介绍

学习双轨扫掠生成曲面。

二、任务实施

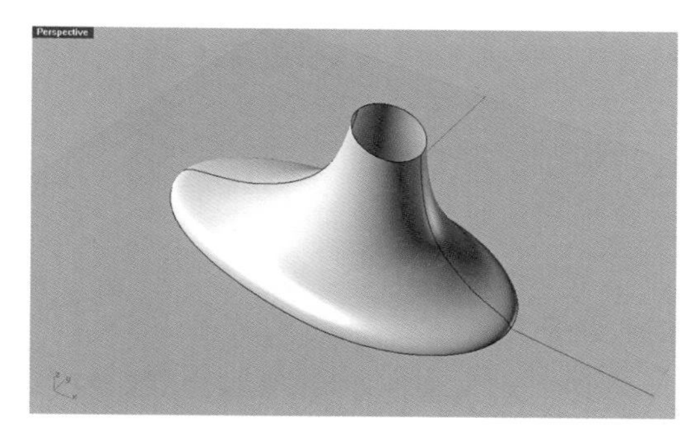

图 9–3

第一步：在菜单栏上点击“曲面 \ 双轨扫掠”，在提示“选取第一条路径”时，选择前视图中的一条曲线。

第二步：在提示“选取路径”时，再选取另外一条曲线。

第三步：在提示“选取断面曲线”时，依次点击选取小圆曲线和大的椭圆曲线，点击两次右键完成。效果如图 9–3。

三、任务小结

使用课程介绍的工具创建汽车反光镜的底座。

第三节　创建反光镜面

一、基础知识的介绍

复习创建圆柱体；学习按照一定的角度旋转物体。

二、任务实施

第一步：在菜单栏上点击“实体 \ 圆柱体”，在提示“圆柱体底面”时，在俯视图中点击左键指定圆柱体的中心。

第二步：在提示“半径”时，输入“60”。

第三步：在提示“圆柱体的端点”时，将鼠标移动至前视图。输入“r0，5”，效果如图 9–4。

第四步：在前视图将圆柱体旋转 60°，并移动到图 9–5 的位置。

三、任务小结

按照课程讲解创建汽车反光镜的镜面。

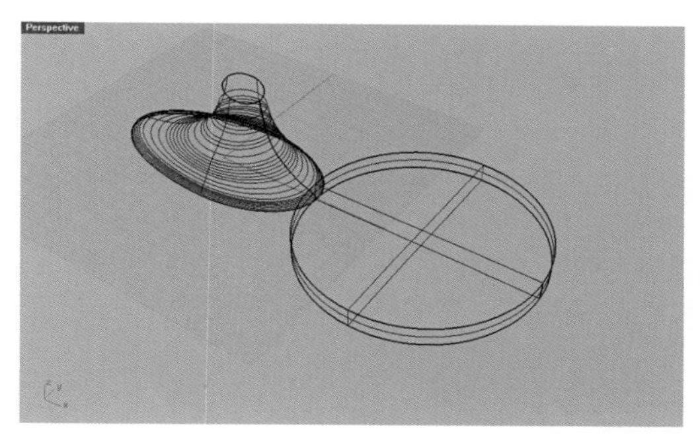

图 9–4

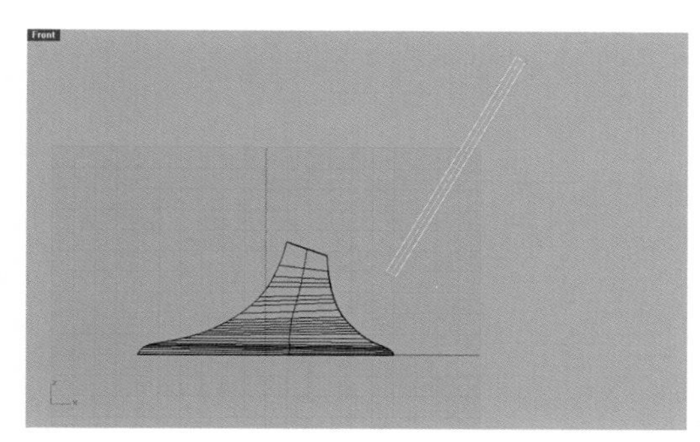

图 9–5

第四节　创建反光镜壳体

一、基础知识的介绍

复习双轨扫掠生成曲面。

二、任务实施

第一步：如图 9-6 前视图绘制两条曲线。

第二步：在菜单栏上点击“曲面\双轨扫掠”，在提示“选取第一条路径”时，选择前视图中的一条曲线。

第三步：在提示“选取路径”时，再选取另外一条曲线。

第四步：在提示“选取断面曲线”时，选取镜面的边缘，点击两次右键完成。效果如图 9-7。

三、任务小结

按照课程讲解创建汽车反光镜的壳体。

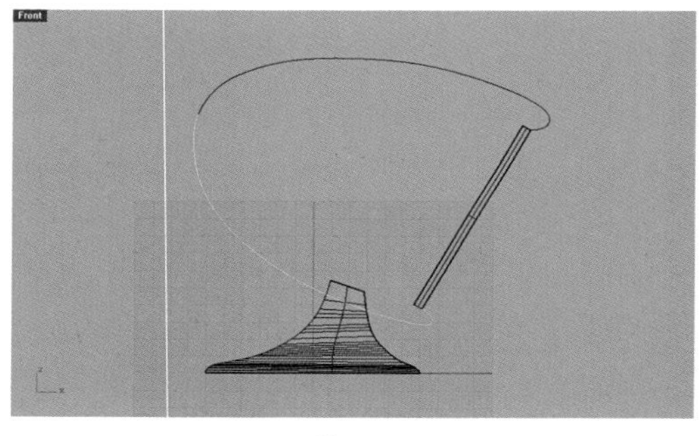

图 9-6

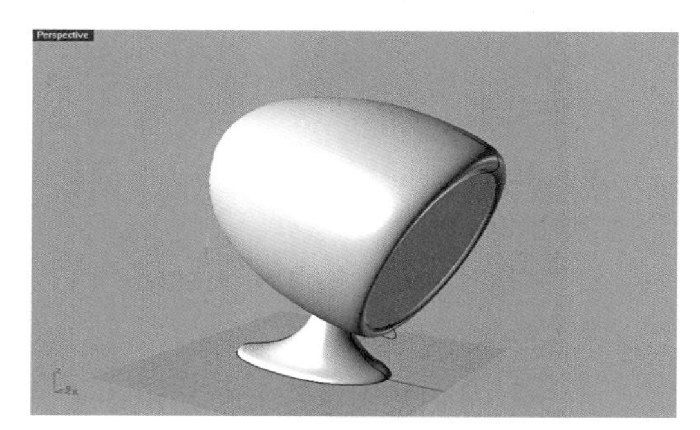

图 9-7

第十章　玩具榔头的模型制作

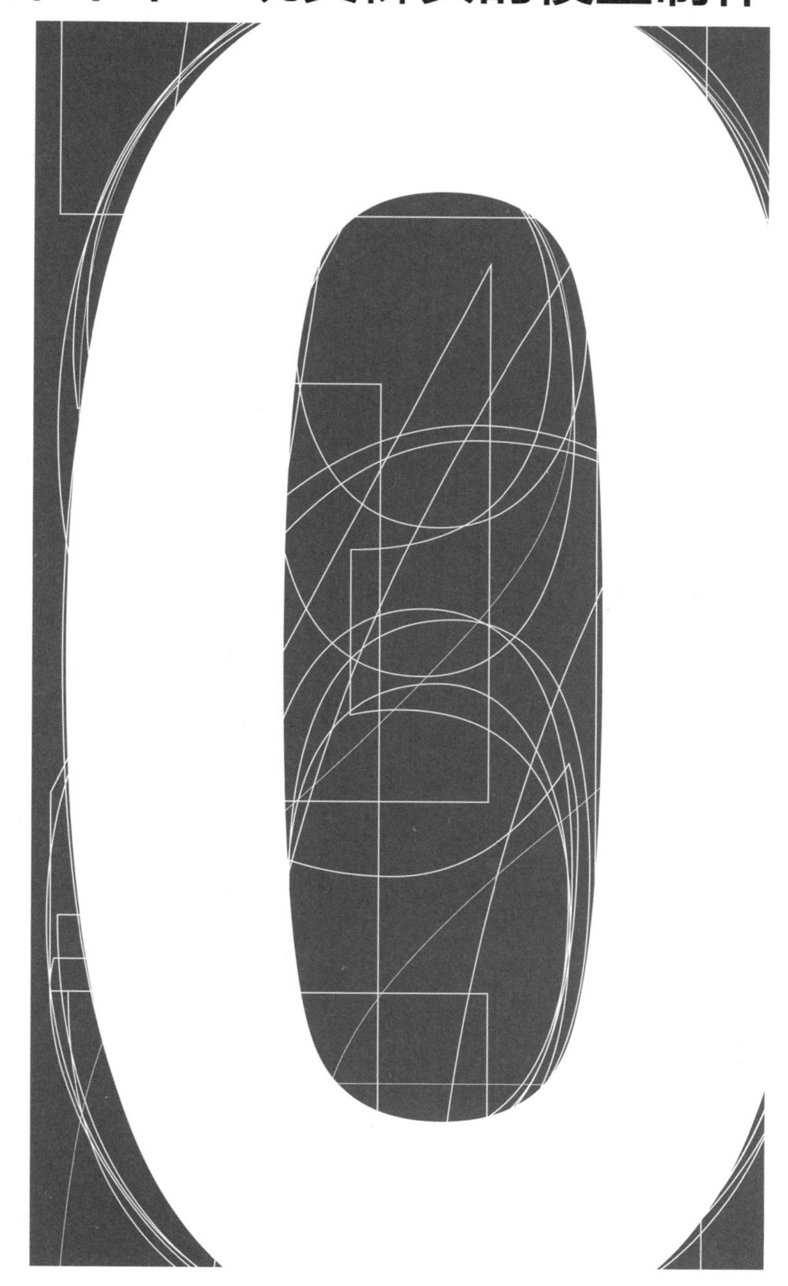

【学习任务】

复习图层的创建和命名。学习绘制虚线。学习绘制相切圆形；复习修剪；复习组合；复习挤出封闭的平面曲线；复习旋转曲面。学习双轨扫掠生成曲面；复习镜像复制；复习将平面洞加盖；复习实体\并集和差集；复习曲面圆角。

【任务目标】

创建一个玩具榔头的模型。

【任务要求】

尺寸精确，造型正确，工具使用得当。

第一节　创建图层

一、基础知识的介绍

复习图层的创建和命名。

二、任务实施

第一步：双击 Rhino 图标，打开 Rhino 软件，弹出“启动模板”。要求我们“选择 Rhino 启动时使用的模型尺寸和单位”。选择“small object millimeters”（小物体，单位是毫米，使用的精确度是 0.01mm），点击“打开”。

第二步：选择菜单栏上的“编辑\图层\编辑图层”。在弹出的编辑窗口中，如图 10-1 设置四个图层，分别命名为：结构线、锤头、柄心和锤把。

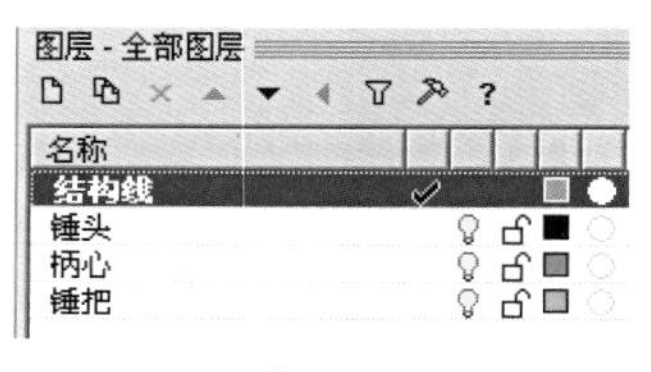

图 10-1

三、任务小结

按照课程讲解创建和命名图层。

第二节　绘制结构曲线

一、基础知识的介绍

学习绘制虚线。

二、任务实施

第一步：激活“结构线”图层，如图 10-2 在俯视图绘制结构曲线。虚线的设定是选中曲线，点击“编辑\物件属性”，在弹出的设置窗口中“线型”里选“Dashed”。

三、任务小结

按照课程讲解绘制虚线。

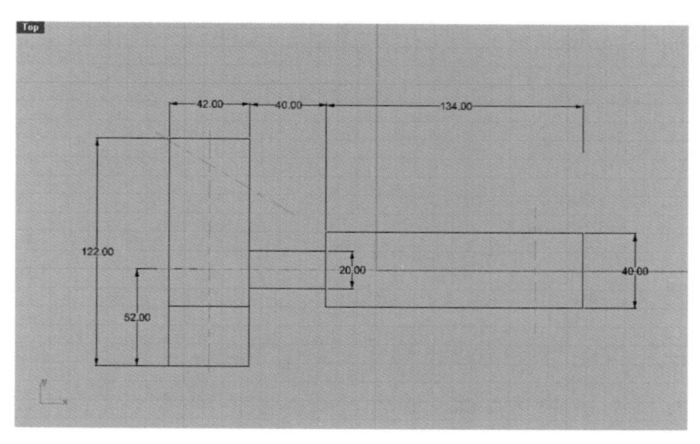

图 10-2

第三节　创建锤头

一、基础知识的介绍

学习绘制相切圆形；复习修剪；复习组合；复习挤出封闭的平面曲线；复习旋转曲面。

二、任务实施

第一步：双击“锤头”图层。将工作图层切换到“锤头”图层。在菜单栏上点击“曲线\圆\与数条曲线相切”，如图 10-3 绘制一个圆形。

第二步：在菜单栏上点击“曲线\圆\相切、相切、半径”，如图 10-4 绘制一个半径是 4 的小圆形。

第三步：在菜单栏上点击“曲线\圆弧\相切、相切、半径”，如图 10-5 绘制一个半径是 80mm 的圆弧曲线。

第四步：在菜单栏上点击“曲线\圆弧\相切、相切、半径”，如图 10-6 绘制一个半径是 50mm 的圆弧曲线。

第五步：在工具栏上点击“修剪”，如图 10-7 将大圆的部分圆弧修剪掉。

第六步：在工具栏上点击“修剪”，如图 10-8 将小圆的部分圆弧修剪掉。

第七步：在工具栏上点击“组合”，如图 10-9 将四条曲线组合在一起。

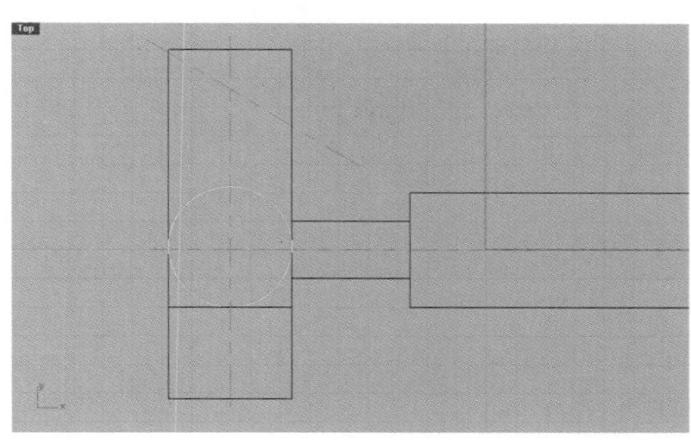

图 10-3

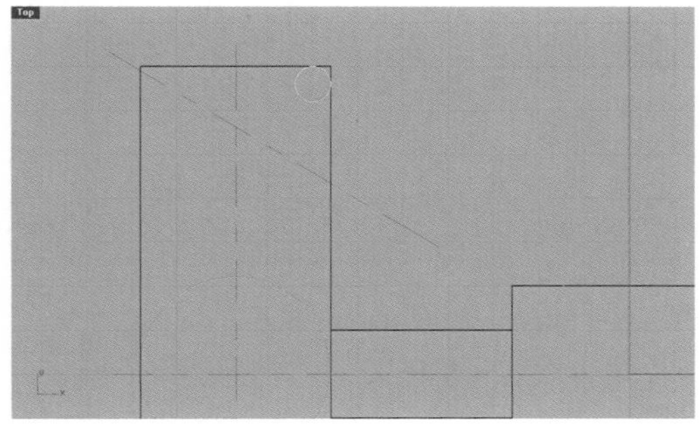

图 10-4

第八步：在工具栏上点击“实体\挤出封闭的平面曲线”工具，在提示“挤出距离”时，输入“c”（加盖），回车，输入“20”（默认是向两侧挤出，因此总的厚度是 40mm），回车。效果如图 10-10。

第九步：在俯视图绘制如图 10-11 的曲线。

第十步：在菜单栏上点击“曲面\旋转”，创建如图 10-12 的锤头模型。

第十一步：在右视图绘制如图 10-13 的两条曲线，并将它们组合。

第十二步：在俯视图将刚绘制的曲线移动并旋转成图 10-14 的效果。

第十三步：在工具栏上点击“实体\挤出封闭的平面曲线”工具，将刚才创建的曲线挤出如图 10-15 的实体。

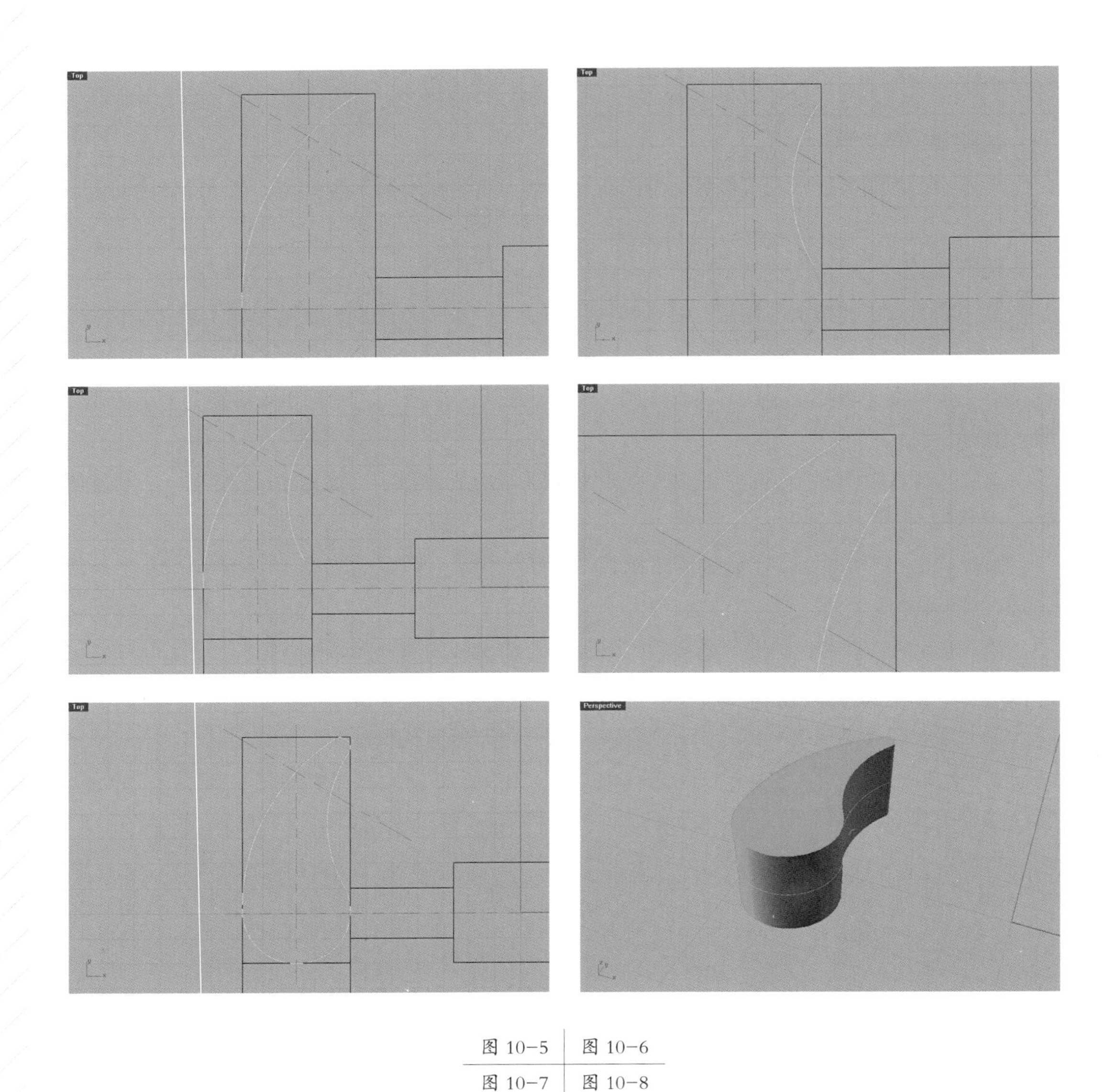

图 10-5	图 10-6
图 10-7	图 10-8
图 10-9	图 10-10

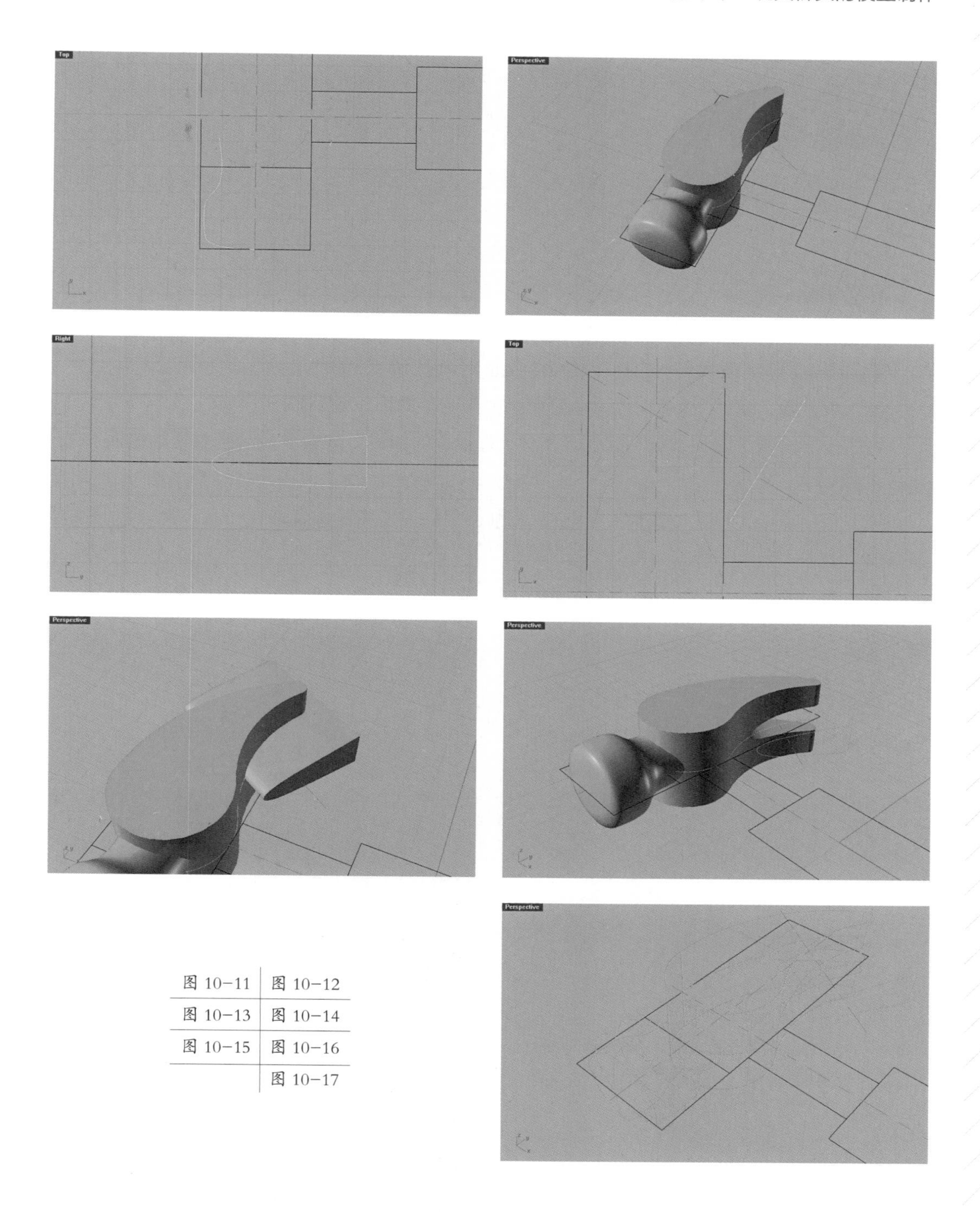

图 10-11	图 10-12
图 10-13	图 10-14
图 10-15	图 10-16
	图 10-17

第十四步：在菜单栏上点击“实体\差集”，制作出如图 10-16 的效果。

第十五步：在菜单栏上点击“实体\差集”，制作出如图 10-17 的效果。

三、任务小结

按照尺寸要求绘制轮廓线，用正确的方法创建锤头模型。

第四节　创建柄心

一、基础知识的介绍

学习双轨扫掠生成曲面；复习镜像复制；复习将平面洞加盖；复习实体\并集；复习曲面圆角。

二、任务实施

第一步：绘制如图 10-18 的曲线。注意其空间位置。

第二步：用“曲面\双轨扫掠”的命令创建出如图 10-19 的曲面。

第三步：用“变动\镜像”的命令复制出另外一半曲面，效果如图 10-20。

第四步：将两个曲面组合后，用“实体\将平面洞加盖”的命令，给刚创建的曲面加盖，效果如图 10-21。

第五步：点击菜单栏“实体\并集”，将刚创建的模型和锤头合并在一起。合并后的效果如图 10-22。

第六步：点击工具栏上的“曲面圆角”图标，输入“2”，回车。依次选取锤头的曲面，效果如图 10-23。

三、任务小结

按照课程讲述，用正确的方法创建柄心。

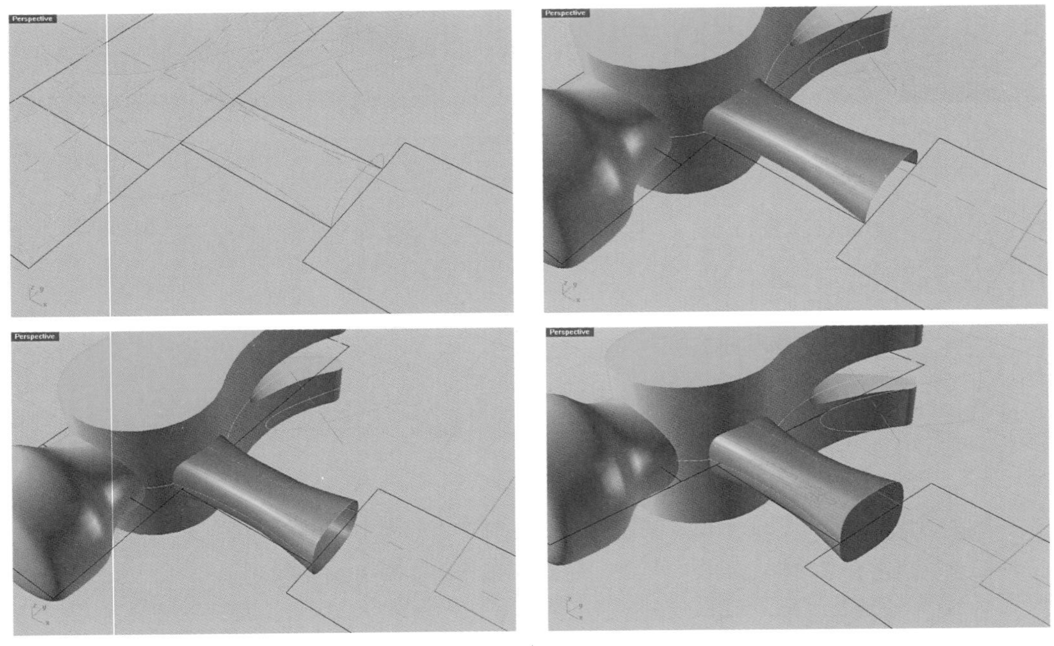

图 10-18	图 10-19
图 10-20	图 10-21

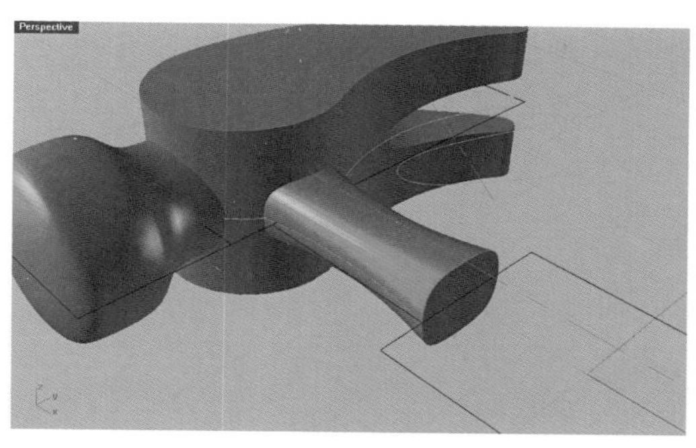
图 10–22

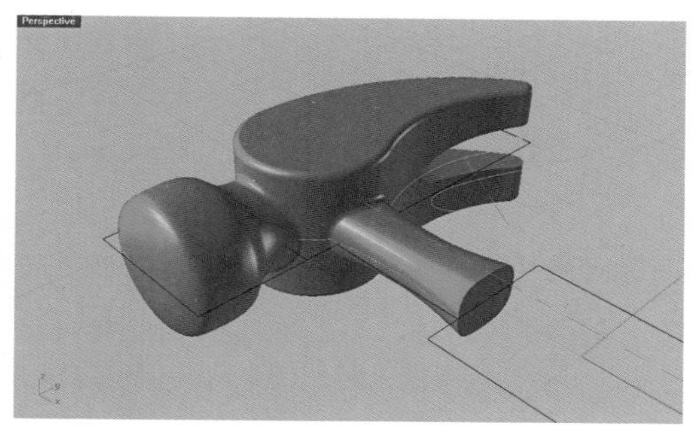
图 10–23

第五节　创建锤把

一、基础知识的介绍（涉及的内容工具等）

学习双轨扫掠生成曲面；复习镜像复制；复习将平面洞加盖；复习实体 \ 差集；复习曲面圆角。

二、任务实施

第一步：切换到“结构”图层。在俯视图绘制如图 10–24 的曲线。

第二步：点击“变动 \ 镜像”，镜像复制出如图 10–25 的曲线。

第三步：切换到“锤把”图层，点击菜单栏上的“曲面 \ 双轨扫掠”，创建如图 10–26 的一半锤把曲面。

第四步：点击“变动 \ 镜像”，镜像复制出如图 10–27 的另一半锤把曲面。

第五步：点击菜单栏上的“实体 \ 并集”，把两个锤把曲面合并到一起。

第六步：如图 10–28 在俯视图绘制半径是 6mm 的圆形。

第七步：点击工具栏上的“实体 \ 挤出封闭的平面曲线”图标，将刚绘制的圆形挤出至图 10–29 的状态。

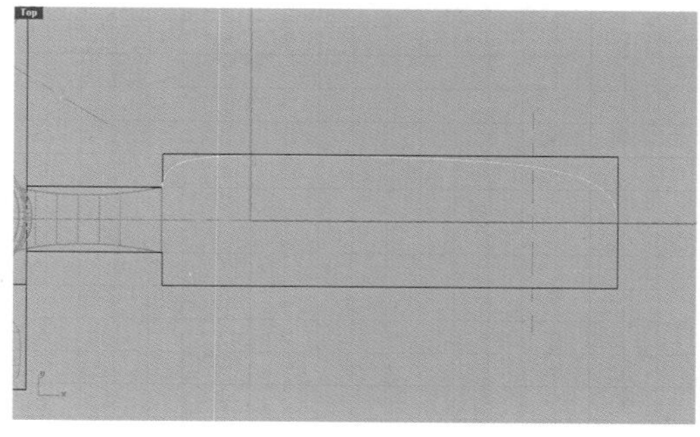
图 10–24

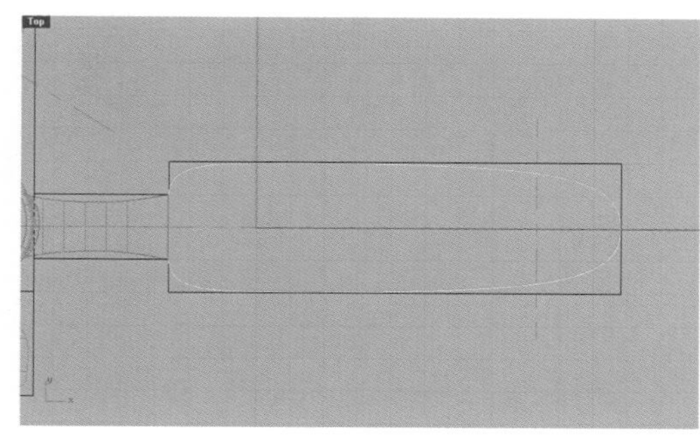
图 10–25

第八步：点击菜单栏上的“实体\差集”，在锤把上减出圆孔来。效果如图 10-30。

第九步：点击工具栏上的“曲面圆角”图标，给圆孔倒圆角，半径为 2mm，最后完成的效果如图 10-31。

三、任务小结

按照课程讲述，用正确的方法创建柄心。

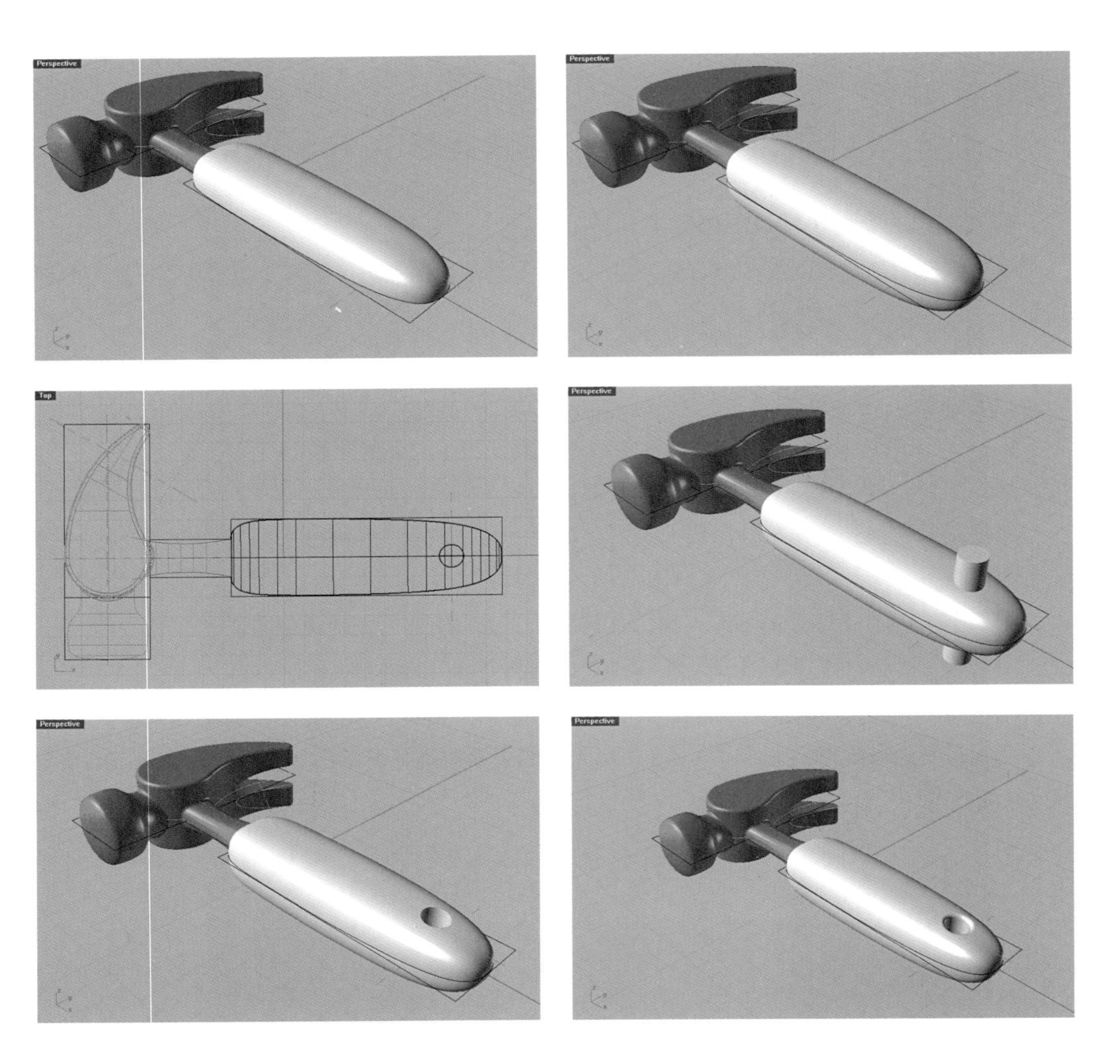

图 10-26	图 10-27
图 10-28	图 10-29
图 10-30	图 10-31

第十一章　香波瓶的模型制作

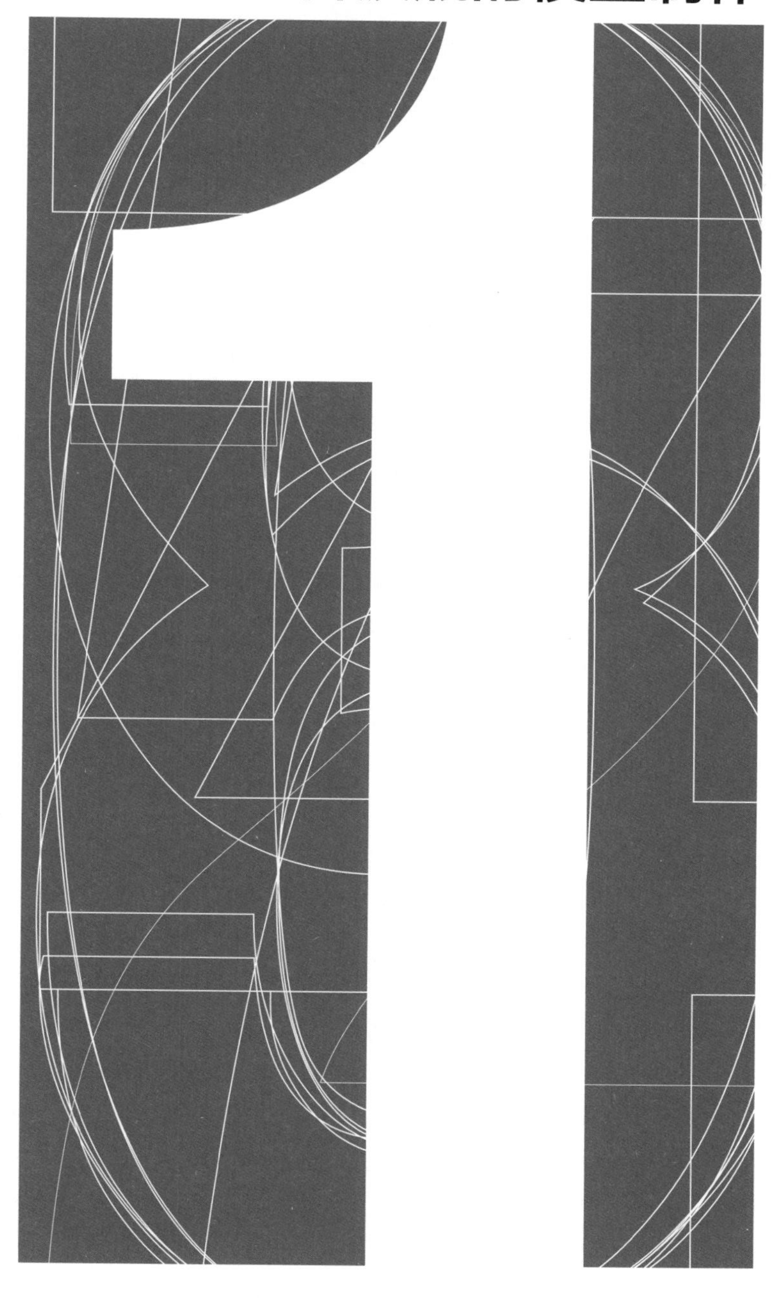

【学习任务】

学习绘制矩形；学习绘制椭圆形；复习移动图形；学习绘制圆形；学习用控制点曲线绘制瓶身的侧面轮廓。复习双轨扫掠；复习将平面洞加盖。学习创建放样曲面；复习镜像复制。复习实体\差集。复习绘制瓶颈轮廓；复习移动和捕捉；复习旋转曲面。学习绘制弹簧线；学习绘制多边形；学习沿着曲线阵列；学习单轨扫掠；复习实体\并集。

【任务目标】

创建一个香波瓶的模型。

【任务要求】

尺寸精确，造型正确，工具使用得当。

第一节　绘制瓶身轮廓

一、基础知识的介绍

学习绘制矩形；学习绘制椭圆形；复习移动图形；学习绘制圆形；学习用控制点曲线绘制瓶身的侧面轮廓。

二、任务实施

第一步：双击 Rhino 图标，打开 Rhino 软件，弹出“启动模板”。要求我们“选择 Rhino 启动时使用的模型尺寸和单位”。选择“small object millimeters”（小物体，单位是毫米，使用的精确度是 0.01mm），点击“打开”。

第二步：选择菜单栏上的“编辑\图层\编辑图层”。在弹出的编辑窗口中，如图 11-1 设置三个图层，分别命名为：结构、瓶身和瓶颈。

第三步：双击“结构”图层，将工作图层切换到“结构”图层。

第四步：在工具栏上点击“矩形”图标，在提示“矩形的第一角”时，在前视图输入“-50，0”回车。在提示“其他角或长度”时，输入“50，185”回车。此时创建了一个宽 100mm，高 185mm 的矩形。效果如图 11-2。

第五步：在工具栏上点击“矩形”图标，在提示“矩形的第一角”时，在右视图输入“-30，0”回车。在提示“其他角或长度”时，输入“30，185”回车。此时创建了一个宽 60mm，高 185mm 的矩形。效果如图 11-3。

第六步：点击工具栏上的“椭圆形”图标，在提示“椭圆形中心”时，在俯视图选取两个矩形的交点。在提示“第一轴终点”时，输入“28，0”回车。在提示“第二轴终点”时，输入“0，20”回车。效果如图 11-4。

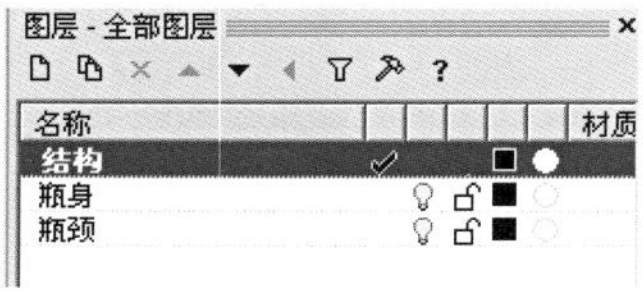

第七步：点击工具栏上的“移动”图标，在提示“选取要移动的物体”时，在透视图视口选取椭圆形，点击右键完成选取。接着在提示“移动的起点”时，在透视图中选取椭圆圆心。在提示“移动的终点”时，输入“0，0，6”（X 轴是 0，

图 11-1

Y 轴是 0，Z 轴移动 6），回车。效果如图 11–5。

第八步：如图 11–6，在图示位置绘制一个直径 30mm 的圆形。

第九步：如图 11–7，在前视图用“控制点曲线”绘制瓶身的侧面轮廓。

三、任务小结

按照课程讲述，绘制好香波瓶的轮廓。

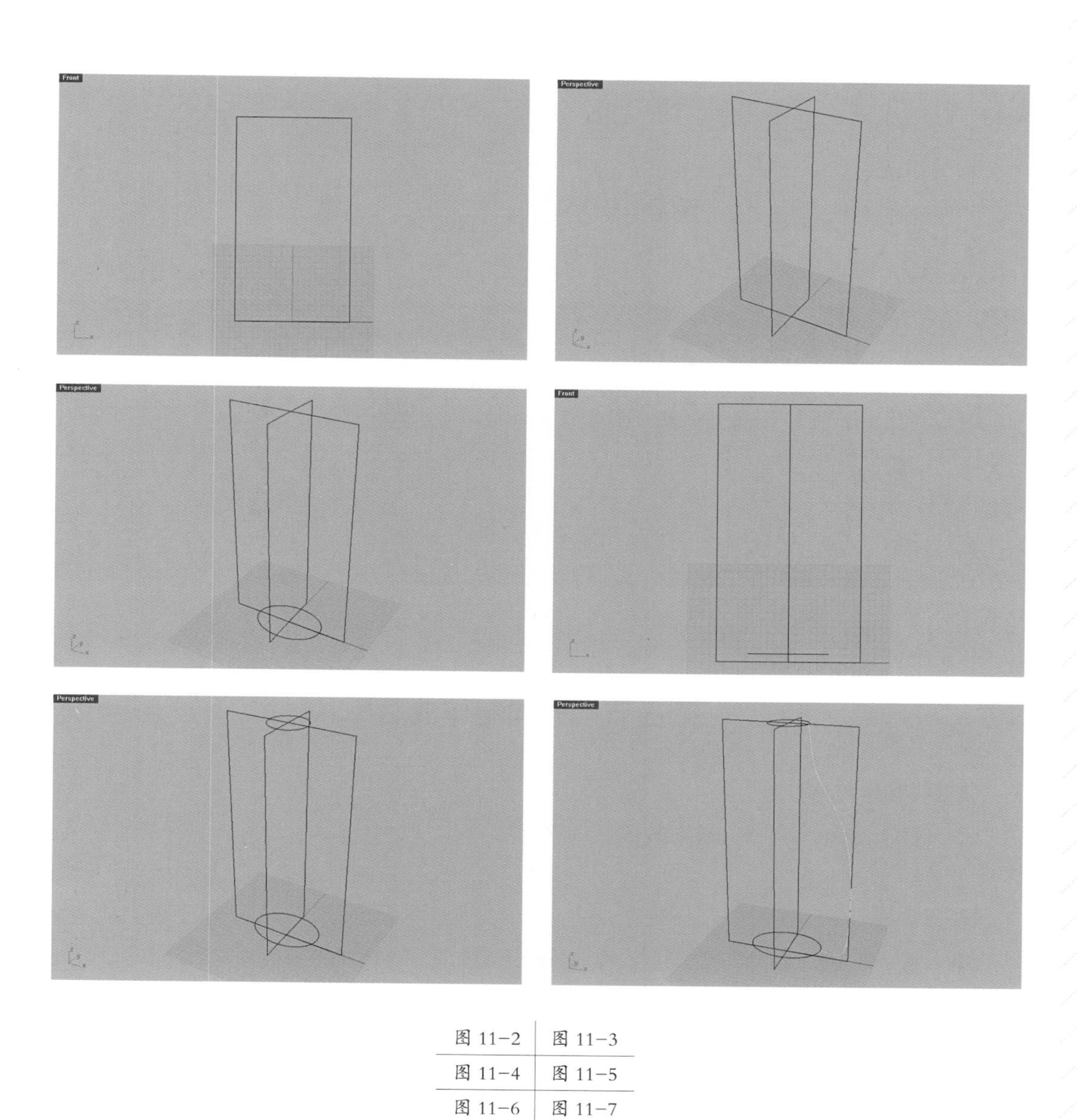

图 11–2	图 11–3
图 11–4	图 11–5
图 11–6	图 11–7

第二节 创建瓶身

一、基础知识的介绍

复习双轨扫掠；复习将平面洞加盖。

二、任务实施

第一步：切换到“瓶身”图层。点击菜单栏上的“曲面\双轨扫掠”，选取下方的椭圆和上方的圆形为路径，侧面的曲线为断面曲线，点击右键完成。效果如图 11–8。

第二步：点击菜单栏上的“实体\将平面洞加盖”，选择刚创建的瓶身，如图 11–9，给瓶身的上端和底端都加盖。

三、任务小结

按照课程讲述，创建好香波瓶的主体。

图 11–8

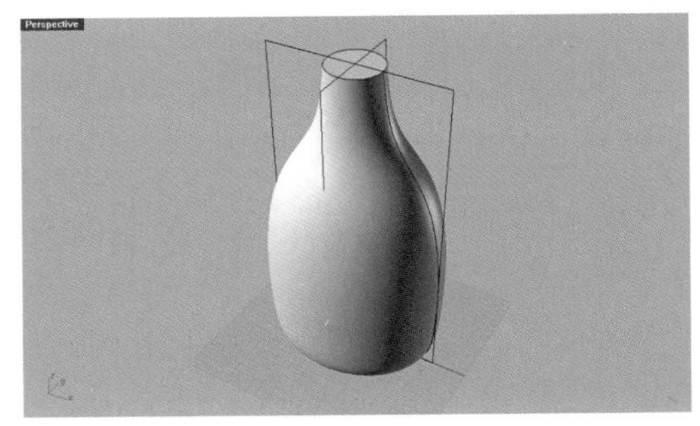

图 11–9

第三节 放样制作曲面

一、基础知识的介绍

学习创建放样曲面；复习镜像复制。

二、任务实施

第一步：再切换到“结构”图层。在右视图绘制如图 11–10 的圆弧线。

第二步：再在右视图绘制如图 11–11 的圆弧线。

第三步：将第二条圆弧线镜像复制，效果如图 11–12。

第四步：点击菜单栏上的“曲面\放样”，依次选取三条曲线，点击右键完成。效果如图 11–13。

第五步：镜像复制这个曲面，效果如图 11–14。

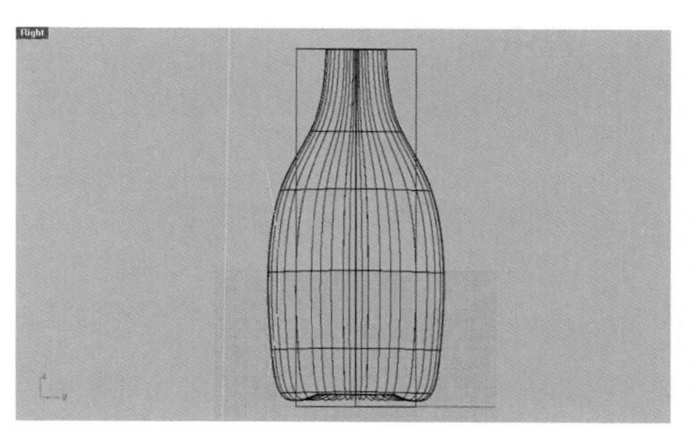

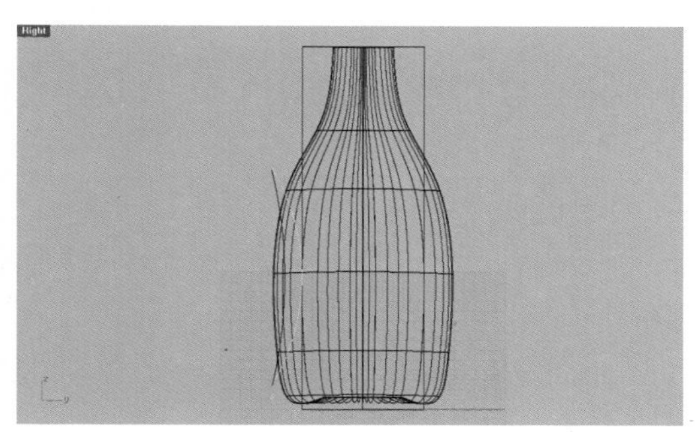

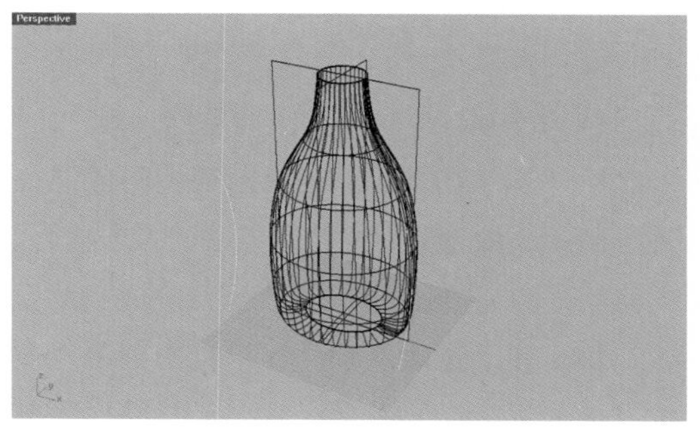

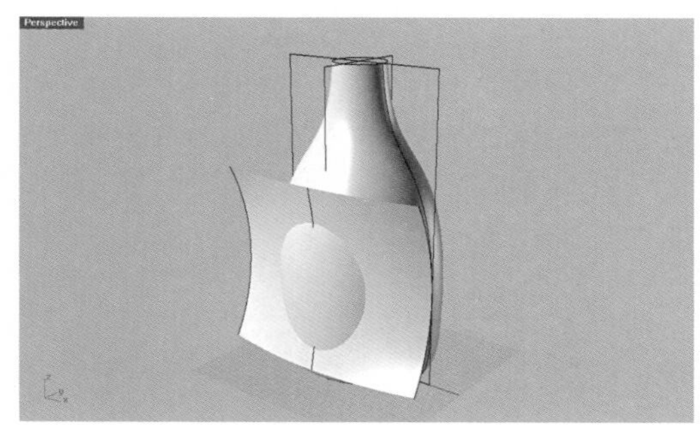

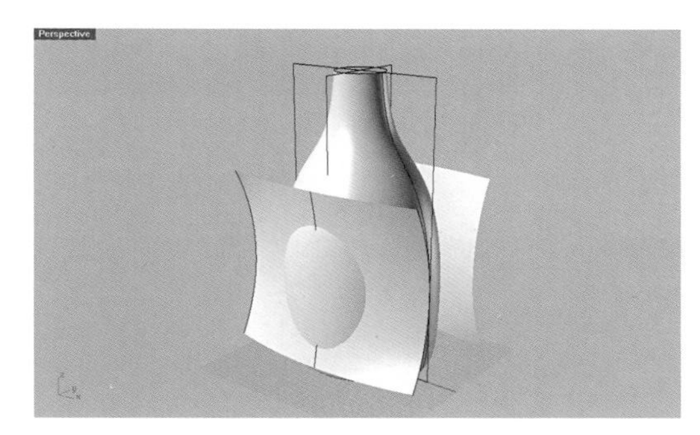

图 11-10	图 11-11
图 11-12	图 11-13
	图 11-14

三、任务小结

按照课程讲述，创建辅助曲面。

第四节　布尔运算

一、基础知识的介绍

复习实体\差集。

二、任务实施

点击菜单栏上的“实体\差集”，再依次点击瓶身和两个曲面，点击右键完成。效果如图 11-15。

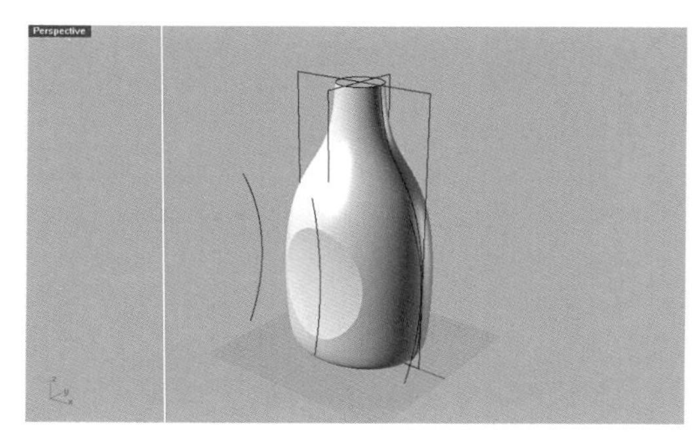

图 11-15

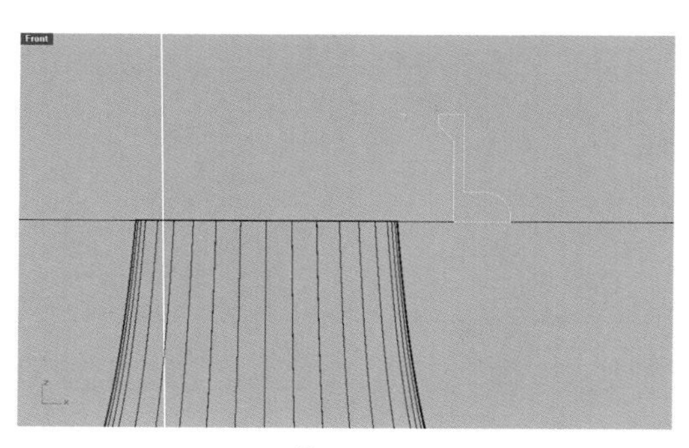

图 11-16

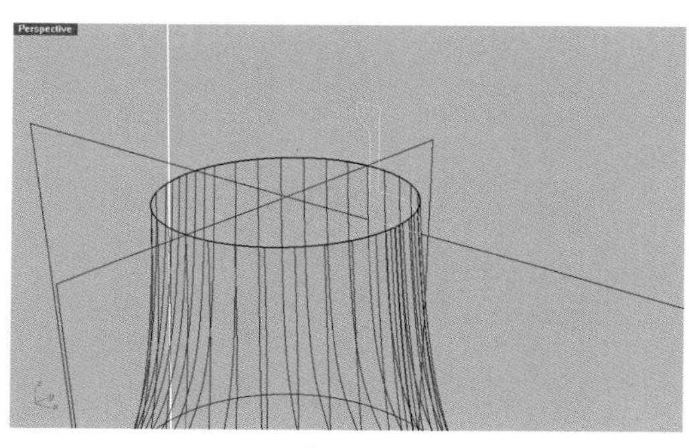

图 11-17

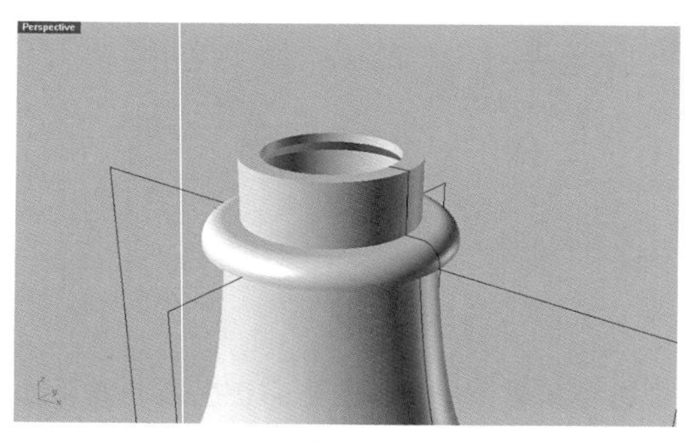

图 11-18

三、任务小结

按照课程讲述，完成实体\差集的创建。

第五节　创建瓶颈

一、基础知识的介绍

复习绘制瓶颈轮廓；复习移动和捕捉；复习旋转曲面。

二、任务实施

第一步：如图 11-16 在前视图的任意位置绘制瓶颈的轮廓。绘制好以后，点击组合，再将其移动捕捉到如图 11-17 瓶口的位置。

第二步：选取瓶颈曲线，点击菜单栏上的“曲面\旋转”，“旋转轴起点”捕捉到两个矩形的上面的交点，“旋转轴的终点”捕捉到两个矩形的下面的交点，点击两次右键完成。效果如图 11-18。

三、任务小结

按照课程讲述，完成瓶颈的创建。

第六节　弹簧线制作螺纹

一、基础知识的介绍

学习绘制弹簧线；学习绘制多边形；学习沿着曲线阵列；学习单轨扫掠；复习实体\并集。

二、任务实施

第一步：点击菜单栏上的“曲线\弹簧线”，“轴的起点”选取在瓶颈的底部中心，“轴的终点”选取在瓶颈的顶部中心。输入“t”（圈数），回车，输入“1.5”回车。接着在前视图用鼠标拖动螺旋线的大小，点击左键完成。效果如图 11-19。

第二步：如图 11-20 在前视图绘制一个多边形，设定边数为 3。

第三步：将其余物体隐藏，只保留螺旋线和三角形。点击菜单栏上的“变动\阵列\沿着曲线”，在提示“选取要阵列的物体”时，选取三角形，点击右键完成选取。在提示“选取路径曲线”时，选取螺旋线，“项目数”设定 5，“定位”选“走向”，点击“确定”后，提示“点选一个工作视窗使用其工作平面”，点击右视图。效果如图 11-21。

第四步：删除起始的三角形和末尾的三角形。

第五步：点击菜单栏上的“曲面\单轨扫掠”，在提示“选取路径”时，选取螺旋线。

第六步：在提示“选取断面曲线”时，输入“p”，回车。提示“指定起点”时，选取螺旋线的起点。

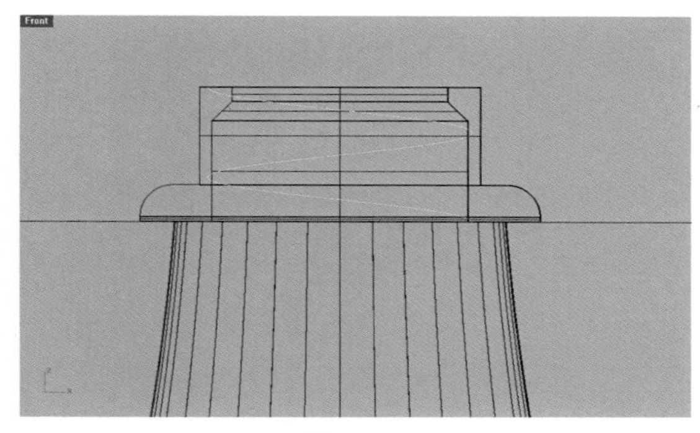

图 11-19

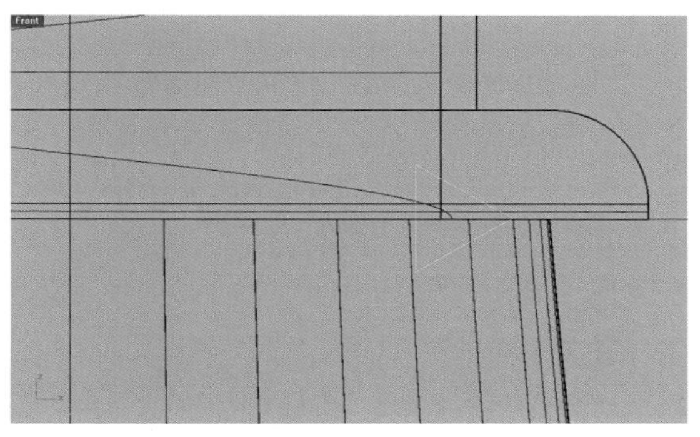

图 11-20

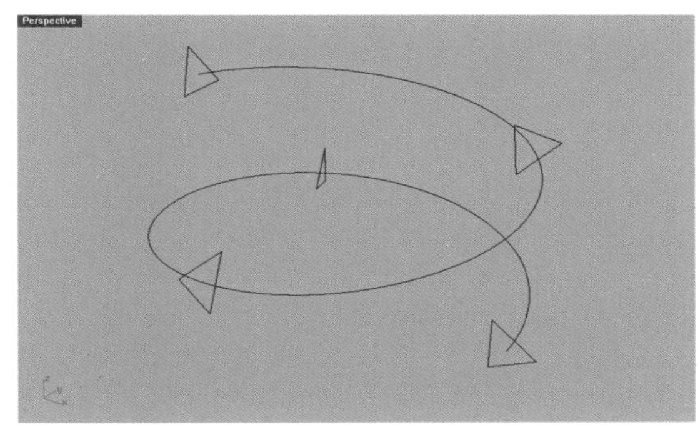

图 11-21

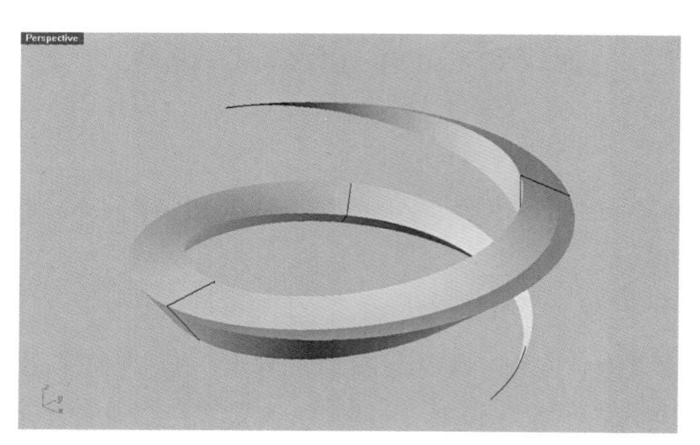

图 11-22

图 11-23

第七步:接着又提示“选取断面曲线”,依次点击选取三个三角形后,再次输入“p”,回车。在提示“指定终点”时,选取螺旋线的终点,点击右键完成。效果如图 11-22。

第八步：将瓶颈和瓶身显示出来，用“实体\并集”的命令，将瓶身和瓶颈，以及螺纹合并起来。最后的效果如图 11-23。

三、任务小结

按照课程讲述，完成螺纹的创建。

第十二章　耳机的模型制作

【学习任务】

复习创建和命名图层。复习绘制椭圆形、圆形；复习放样；复习挤出平面曲线；复习抽离曲面；复习曲面圆角；复习单轨扫掠。学习创建放样曲面；复习镜像复制。复习实体\圆管。复习分割；复习旋转曲面；复习组合。复习曲线\弹簧线；学习曲线\混接曲线。复习变动\镜像。

【任务目标】

创建一个耳机的模型。

【任务要求】

尺寸精确，造型正确，方法得当。

第一节 创建图层

一、基础知识的介绍

复习创建和命名图层。

二、任务实施

第一步：双击 Rhino 图标，打开 Rhino 软件，弹出“启动模板”。要求我们“选择 Rhino 启动时使用的模型尺寸和单位”。选择“small object millimeters”（小物体，单位是毫米，使用的精确度是 0.01mm），点击“打开”。

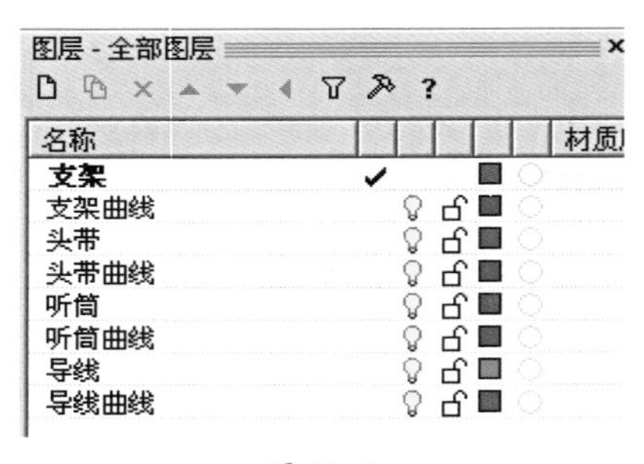

图 12–1

第二步：如图 12–1 创建八个图层。分别是：支架、支架曲线、头带、头带曲线、听筒、听筒曲线、导线和导线曲线。

三、任务小结

按照课程讲述，完成图层的创建。

第二节 创建听筒

一、基础知识的介绍

复习绘制椭圆形、圆形；复习放样；复习挤出平面曲线；复习抽离曲面；复习曲面圆角；复习单轨扫掠；曲面\平面曲线。

二、任务实施

第一步：如图 12–2 和图 12–3 在“听筒曲线”层绘制两个椭圆形、一个圆形和一条曲线。

第二步：切换到“听筒”层，选取两个椭圆形和一个圆形，在菜单栏上点击“曲面\放样”，击右键完成，效果如图 12–4。

第三步：选取圆形曲线，点击菜单栏上的“实体 \ 挤出平面曲线 \ 直线”，输入“b”（取消双侧挤出），再输入“–14”（挤出距离），效果如图 12–5。

第四步：点击菜单栏上的“实体 \ 抽离曲面”，选取要抽离的曲面，击右键完成。然后按 delete 键将其删掉。效果如图 12–6。

第五步：点击工具栏上的“曲面圆角”，如图选取 12–7 两个曲面，输入半径为 7，点击右键完成。

第六步：点击菜单栏上的“曲面 \ 单轨扫掠”，选取路径和断面曲线，击右键完成。效果如图 12–8。

第七步：点击菜单栏上的“曲面 \ 平面曲线”，再如图 12–9 选取曲线，效果如图。

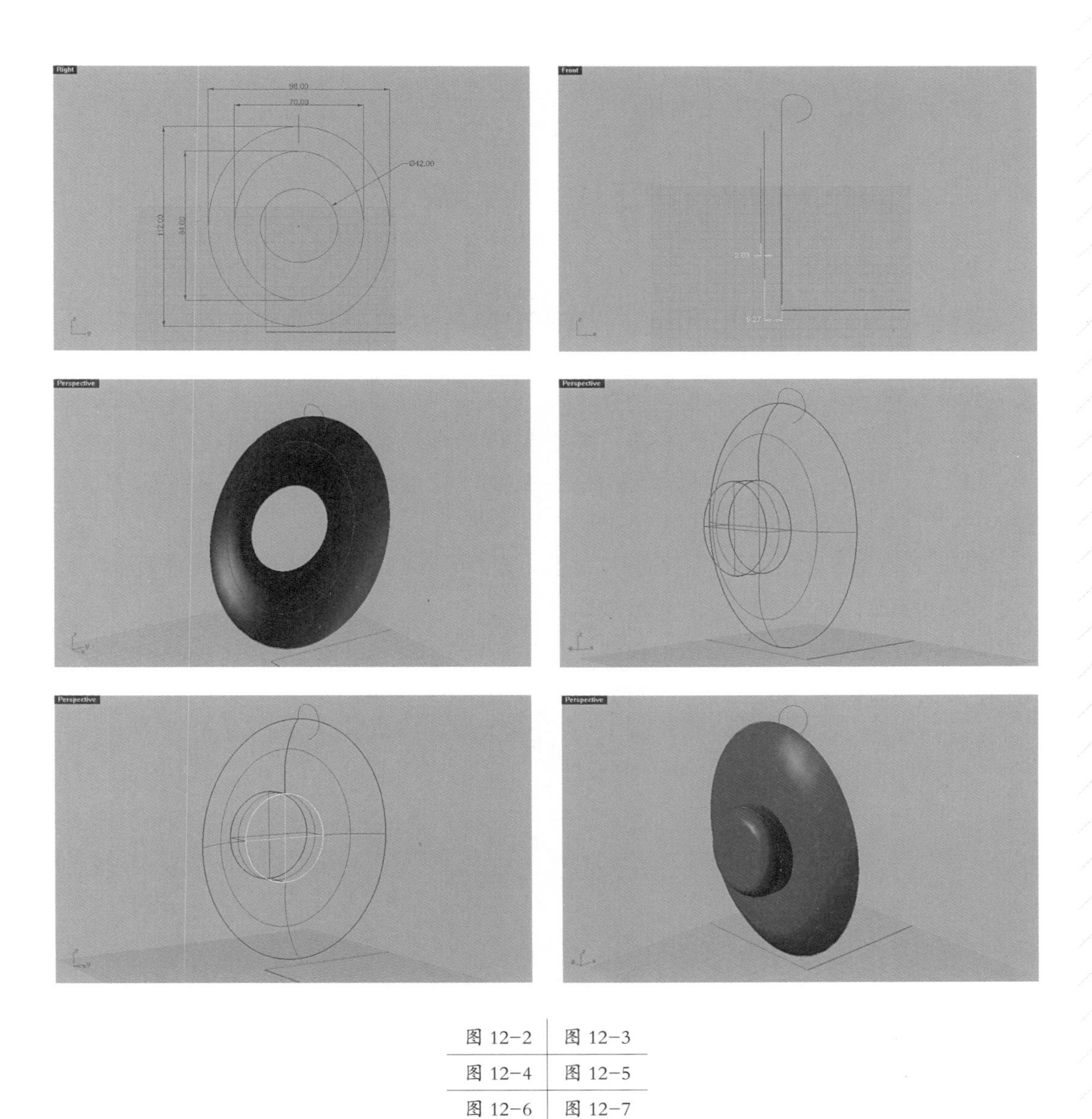

图 12–2	图 12–3
图 12–4	图 12–5
图 12–6	图 12–7

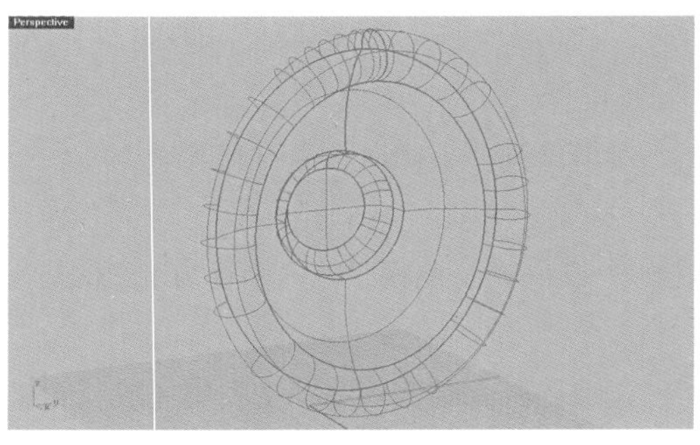

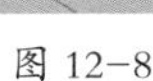

图 12-8

图 12-9

三、任务小结

按照课程讲述，创建听筒的模型。

第三节　创建支架

一、基础知识的介绍

复习实体 \ 挤出平面曲线 \ 直线；复习曲面圆角；复习实体 \ 圆管。

二、任务实施

第一步：切换到“支架曲线”图层，如图 12-10 和图 12-11 绘制支架曲线。

第二步：切换到“支架”层，选取支架曲线，在菜单栏上点击“实体 \ 挤出平面曲线 \ 直线”，输入“-7”，击右键完成，效果如图 12-12。

第三步：点击工具栏上的“曲面圆角”图标，输入半径“1.5”，分别选取前部曲面和侧面、后部曲面和侧面，点击右键完成，效果如图 12-13。

第四步：选取曲线支架上方的弧线，点击菜单栏上的“实体 \ 圆管”。设起点半径为 2mm，终点半径也为 2mm，点击三次右键完成。效果如图 12-14。

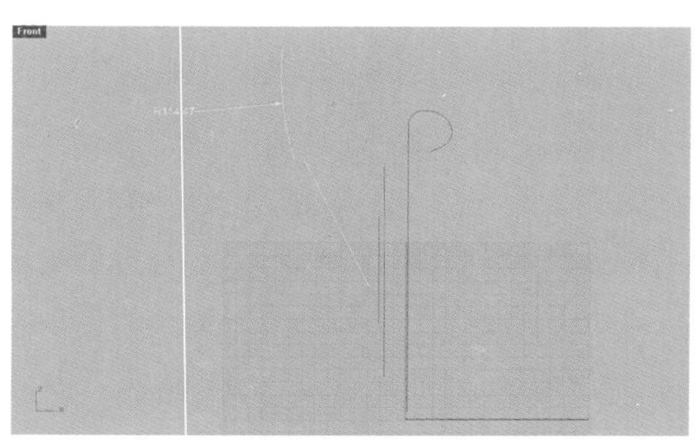

图 12-10

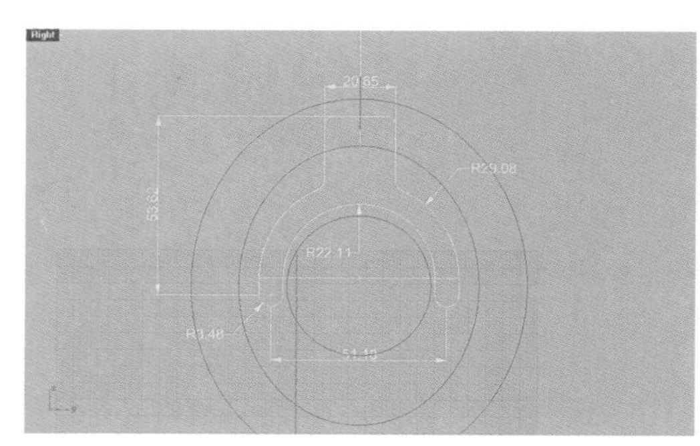

图 12-11

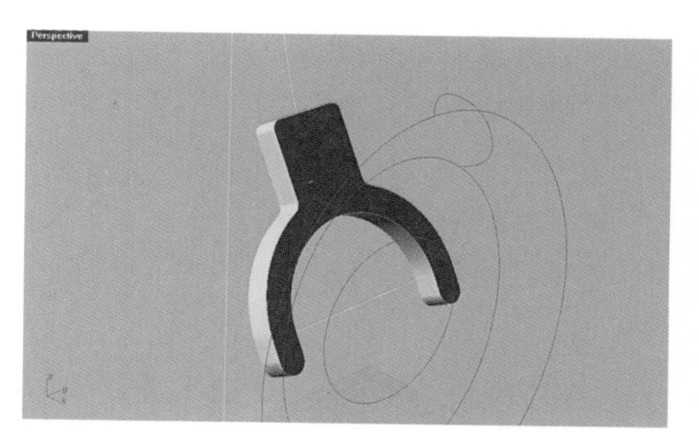

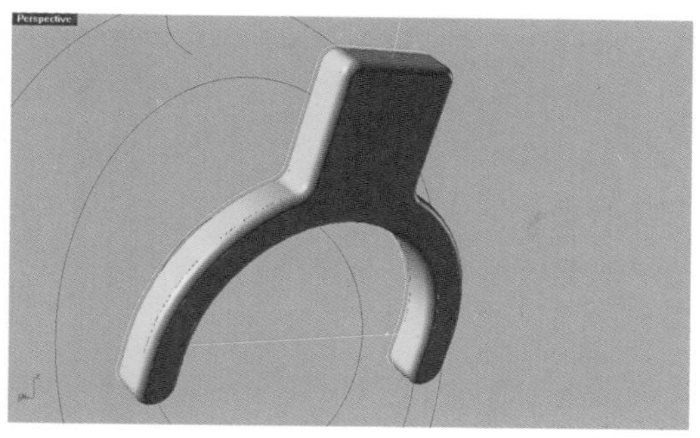

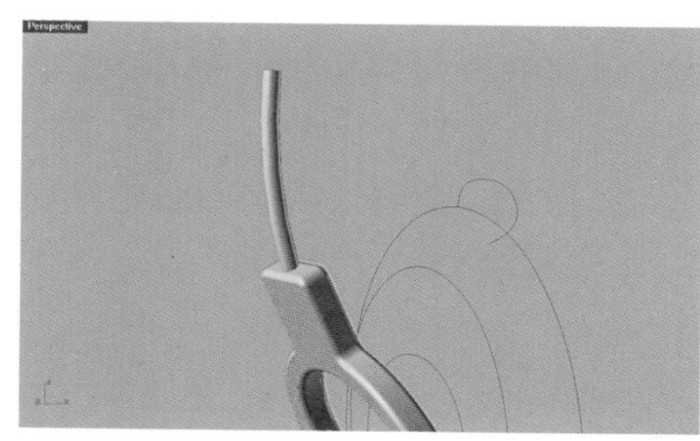

图 12–12	图 12–13
	图 12–14

三、任务小结

按照课程讲述，创建支架模型。

第四节　创建头带

一、基础知识的介绍

复习绘制弧线；复习曲面 \ 单轨扫掠；复习分割；复习曲面 \ 旋转；复习组合。

二、任务实施

第一步：切换到“头带曲线”层，如图 12–15 绘制弧线。再如图 12–16 绘制三个椭圆形。

第二步：切换到“头带”层，点击菜单栏上的“曲面 \ 单轨扫掠”，在提示“选取路径”时，选择大的弧线，接着提示“选取断面曲线”时，依次选取三个椭圆，击右键完成。效果如图 12–17。

第三步：点击工具栏上的“分割”图标，在提示“选取要分割的物体”时，如图选取头带末端的椭圆形。在提示“选取切割用物体”时，输入“p”，回车。在提示“曲线的分割点”时，选取椭圆短轴一侧的两个四分点，击右键完成。分割后的椭圆如图 12–18。

第四步：点击菜单栏上的“曲面 \ 旋转”，在提示“选取要旋转的曲线”时，选取刚分割后的半个椭圆线，击右键完成。在提示“旋转轴起点”时，选取半个椭圆线的一个端点。接着提示“旋转轴终点”，选取半个椭圆线的另一个端点。在提示“起始角度”时，回车接受 0° 的默认值。“旋转角度”输入“–180”，最后的效果如图 12–19。

第五步：用同样的方法，创建另外一侧的圆角曲面。效果如图 12-20。

第六步：点击工具栏上的“组合”图标，将这三个曲面组合在一起。

三、任务小结

按照课程讲述，创建头带模型。

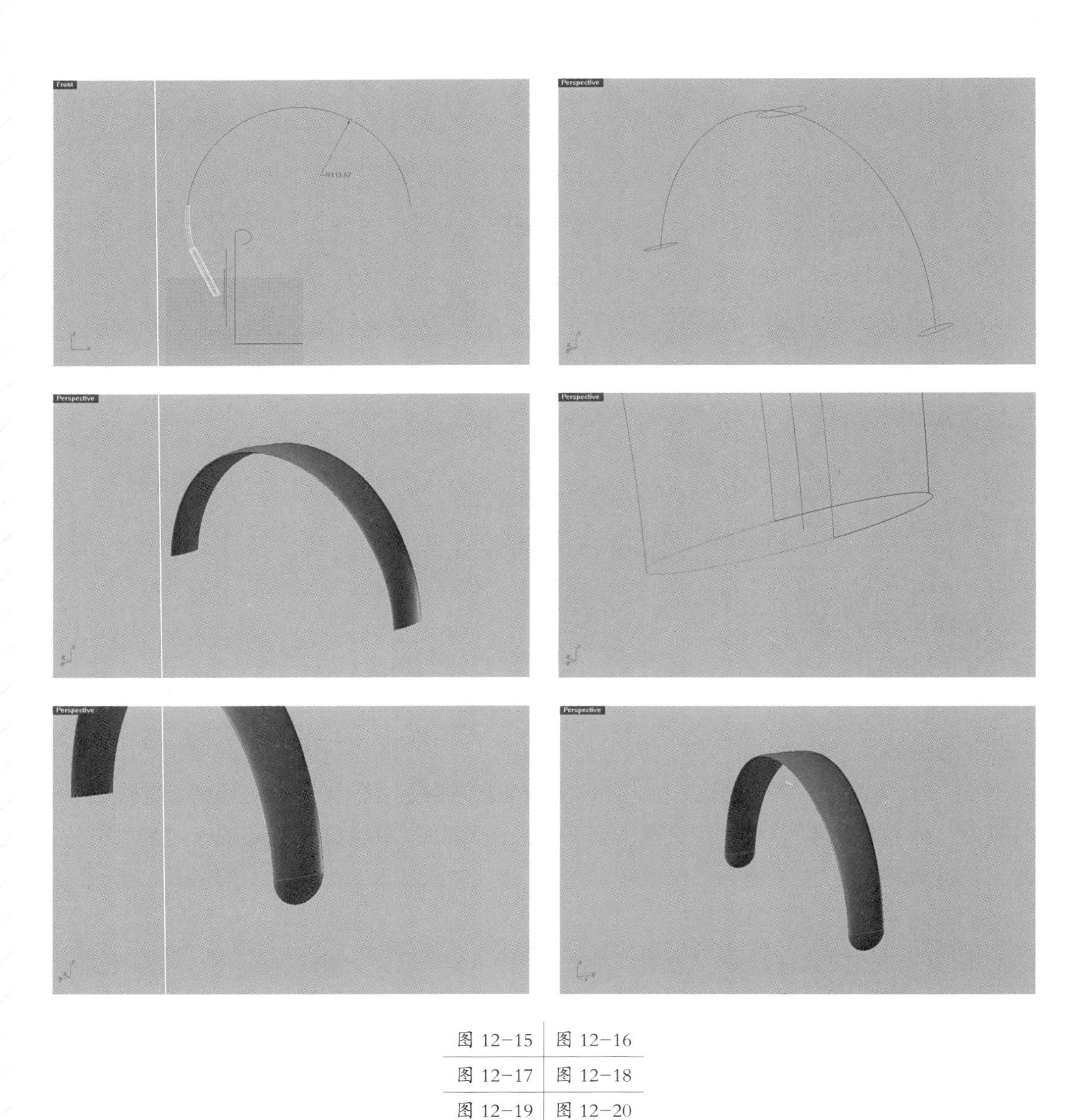

图 12-15	图 12-16
图 12-17	图 12-18
图 12-19	图 12-20

第五节　创建导线

一、基础知识的介绍

复习曲线 \ 弹簧线；学习曲线 \ 混接曲线；复习实体 \ 圆管。

二、任务实施

第一步：切换到“导线曲线”图层，绘制如图 12-21 所示曲线。

第二步：点击菜单栏“曲线 \ 弹簧线”，在提示“轴的起点”时，输入“a”（环绕曲线），回车。在提示“选取曲线”时，选取大的弧线。在提示“半径和起点”时，输入“7”（半径），回车。再输入“t”（圈数），回车。在提示圈数时，输入“30”，回车。再输入“n”（每一圈的点数），回车。在提示“每一圈的点数”时，输入“8”，回车，最后点击鼠标左键完成。效果如图 12-22。

第三步：点击菜单栏上的“曲线 \ 混接曲线”，分别选取图 12-23 所示的曲线。

第四步：用同样的方法，将另外一条曲线混接起来，效果如图 12-24。

第五步：点击工具栏上的“组合”图标，将这三条曲线组合到一起。

第六步：点击菜单栏上的“实体 \ 圆管”，在提示“选取要建立圆管的曲线”时，选取刚组合起来的曲线。在提示“起点半径”时，输入“1.5”，回车。在提示“终点半径”时，再回车。最后效果如图 12-25。

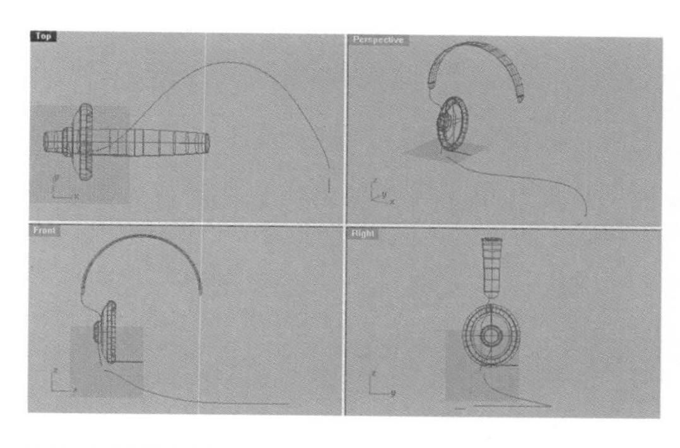

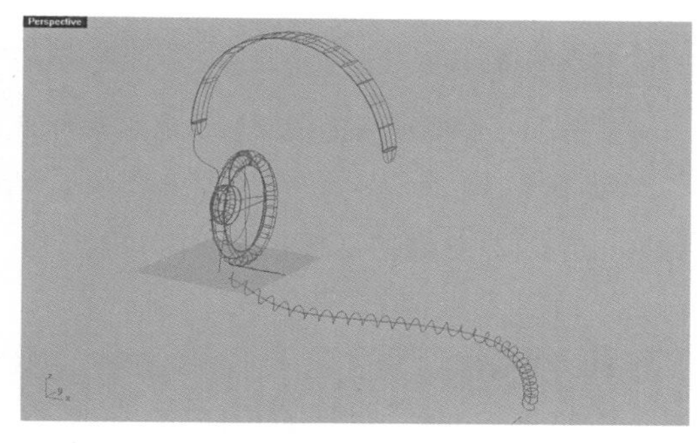

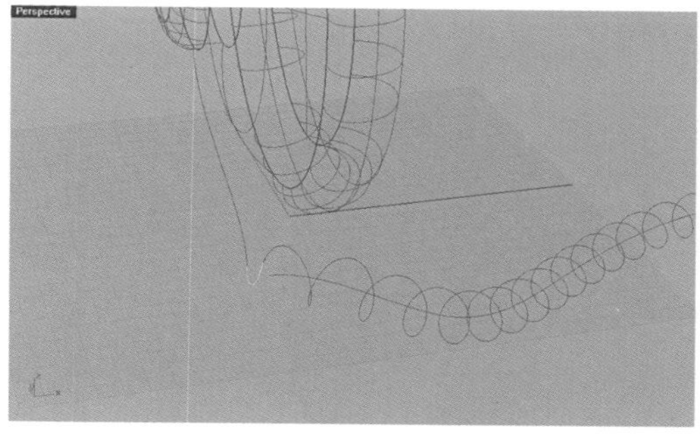

图 12-21	图 12-22
图 12-23	图 12-24

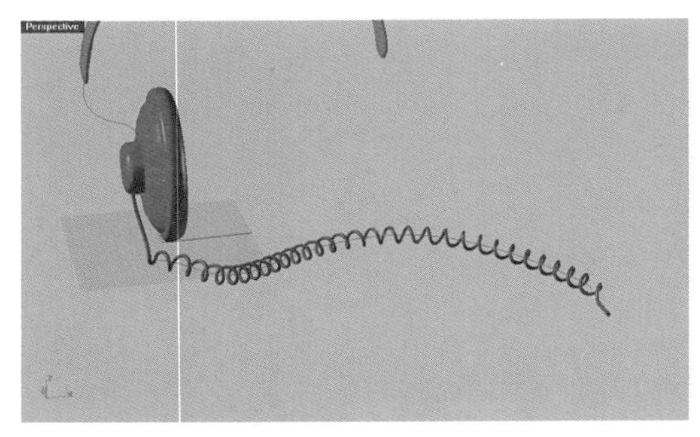
图 12-25

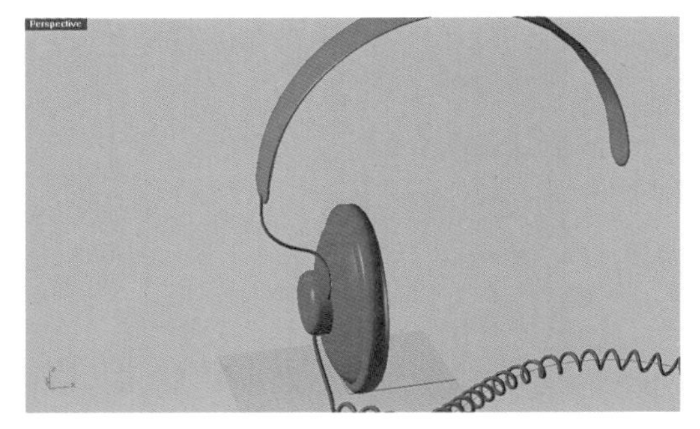
图 12-26

第七步：用同样的方法创建另外一条曲线的圆管，半径为 1mm。效果如图 12-26。

三、任务小结

按照课程讲述，创建导线模型。

第六节 镜像复制耳机

一、基础知识的介绍

复习变动 \ 镜像。

二、任务实施

第一步：隐藏所有曲线图层，显示所有曲面图层，效果如图 12-27。

第二步：切换“耳机”图层为工作层，在前视图选取耳机，再在菜单栏上点击“变动 \ 镜像”，如图 12-28 镜像复制出另一个耳机。

三、任务小结

按照课程讲述，镜像复制耳机。

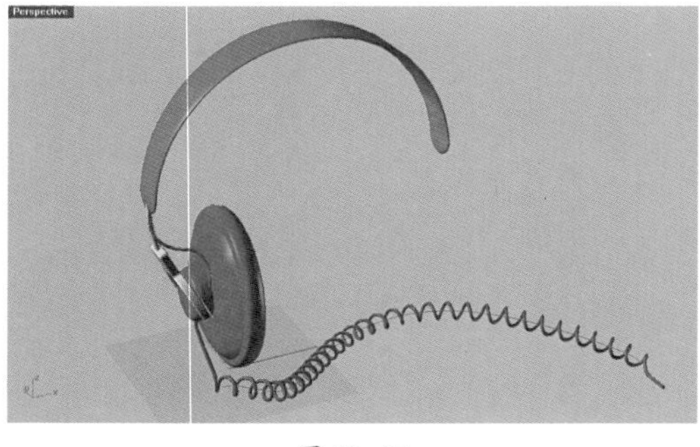
图 12-27

图 12-28

第十三章　汽车的模型制作

【学习任务】

复习创建和命名图层。复习绘制椭圆形、圆形；复习放样；复习挤出平面曲线；复习抽离曲面；复习曲面圆角；复习单轨扫掠。学习创建放样曲面；复习镜像复制。复习实体\圆管。复习分割；复习旋转曲面；复习组合。复习曲线\弹簧线；学习曲线\混接曲线。复习变动\镜像。

【任务目标】

创建一个汽车模型。

【任务要求】

尺寸精确，造型正确，方法得当。

第一节　放置背景图片

一、基础知识的介绍

学习在 Photoshop 里加工背景图片；学习在 Rhino 的不同视图里按照尺寸要求插入背景图片。

二、任务实施

第一步：如图 13-1 至图 13-4 我们已经在 Photoshop 里准备好了汽车的 4 个视图，即俯视图、前视图、左视图和右视图。并且将俯视图和前视图的宽度设成 440mm（实际车长是 4400mm，到犀牛里再成比例的放大 10 倍），将左视图和右视图的宽度设成 200mm。同学们在练习时，可将书上的图片拍照后使用。

图 13-1

图 13-2

图 13-3

图 13-4

第二步：双击 Rhino 图标，打开 Rhino 软件，弹出“启动模板”。要求我们“选择 Rhino 启动时使用的模型尺寸和单位”。选择“large object millimeters”（大物体，单位是毫米，使用的精确度是 0.01mm），点击“打开”。

第三步：点击菜单栏上的“查看\背景图\放置”，在放置图片的文件夹里选取俯视图。在提示“第一角”时，输入“0，-1000”，回车。在提示“第二角或长度”时，输入“4400”，回车。在“灰阶”上选择“否”，效果如图 13-5。

第四步：切换到前视图，点击菜单栏上的“查看\背景图\放置”，在提示“第一角”时，输入“0，0”，回车。在提示“第二角或长度”时，输入“4400”，回车。在“灰阶”上选择“否”，效果如图 13-6。

第五步：切换到右视图，点击菜单栏上的“查看\背景图\放置”，在提示“第一角”时，输入“-1000，0”，回车。在提示“第二角或长度”时，输入“2000”，回车。在“灰阶”上选择“否”，车尾部的图片就放置到右视图里了，效果如图 13-7。

第六步：但由于此图片应该放置在汽车尾部的位置，所有还要移动一下。在右视图视口的左上角“Right”文字上点击右键，在弹出的菜单栏中选“设置视图\Perspective”。再在透视图视口左上角的“Perspective”文字上点击右键，在弹出的菜单栏中选“背景图\移动”。在提示“移动的起点”时，输入“0，0，0”，回车。在提示“移动的终点”时，输入“0，0，4400”回车。此时，图片就移动到了汽车尾部，效果如图 13-8。

第七步：在透视图视口左上角的“Perspective”文字上点击右键，在弹出的菜单栏中选“设置视图\left”。

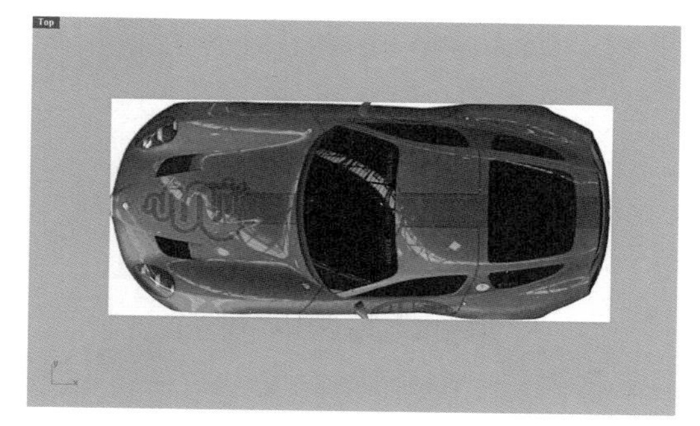

图 13-5
图 13-6
图 13-7
图 13-8

图 13-9

第八步：点击菜单栏上的“查看\背景图\放置”，在提示“第一角”时，输入“-1000，0”，回车。在提示“第二角或长度”时，输入“2000”，回车。在“灰阶”上选择“否”，效果如图 13-9。

三、任务小结

按照课程讲述，正确插入背景图片。

第二节　创建车顶模型

一、基础知识的介绍

复习绘制控制点曲线；复习变动\镜像；学习曲面\网线；学习曲面\曲面编辑工具\以公差修整；学习投影至曲面；复习组合和修剪。

二、任务实施

第一步：如图 13-10 在前视图绘制车顶曲线。

第二步：点击菜单栏上的“变动\移动”，在右视图选取曲线。提示“移动的起点”时，点击曲线的端点；在提示“移动的终点”时，输入“1000，0”，回车。

第三步：在右视图选择曲线，点击菜单栏上的“变动\镜像”。在提示“镜像平面起点”时，输入“0，0”，回车；在提示“平面镜像终点”时，向上拖动鼠标，点击完成镜像。效果如图 13-11。

第四步：打开状态栏上的“平面模式”，勾选捕捉到“端点”，如图 13-12 在左视图和右视图绘制两条曲线。

第五步：点击菜单栏上的“曲面\网线”，在提示“选取网线中的曲线”时，依次选取四条曲线，击右键后，选“确定”。效果如图 13-13。

第六步：点击菜单栏上的“曲面\曲面编辑工具\以公差修整”，在提示“以公差修整”

图 13-10

图 13-11

时，输入“5”，回车，将曲面优化。效果如图 13–14。

第七步：在俯视图绘制车顶的轮廓线，效果如图 13–15。

第八步：点击工具栏上的“投影至曲面”图标，在提示“选取要投影的曲线和点”时，选取四条曲线，击右键完成选取。在提示“选取要投影至其上的曲面、多重曲面和网格”时，选取刚创建的曲面，回车。结果如图 13–16。

第九步：点击工具栏上的“组合”图标，将投影曲线组合起来。

第十步：点击工具栏上的“修剪”图标，在提示“选取切割用的物体”时，选取投影曲线；在提示“选取要修剪的物体”时，选取曲面，修剪的结果如图 13–17，车顶的曲面就创建好了。

三、任务小结

按照课程讲解，创建车顶模型。

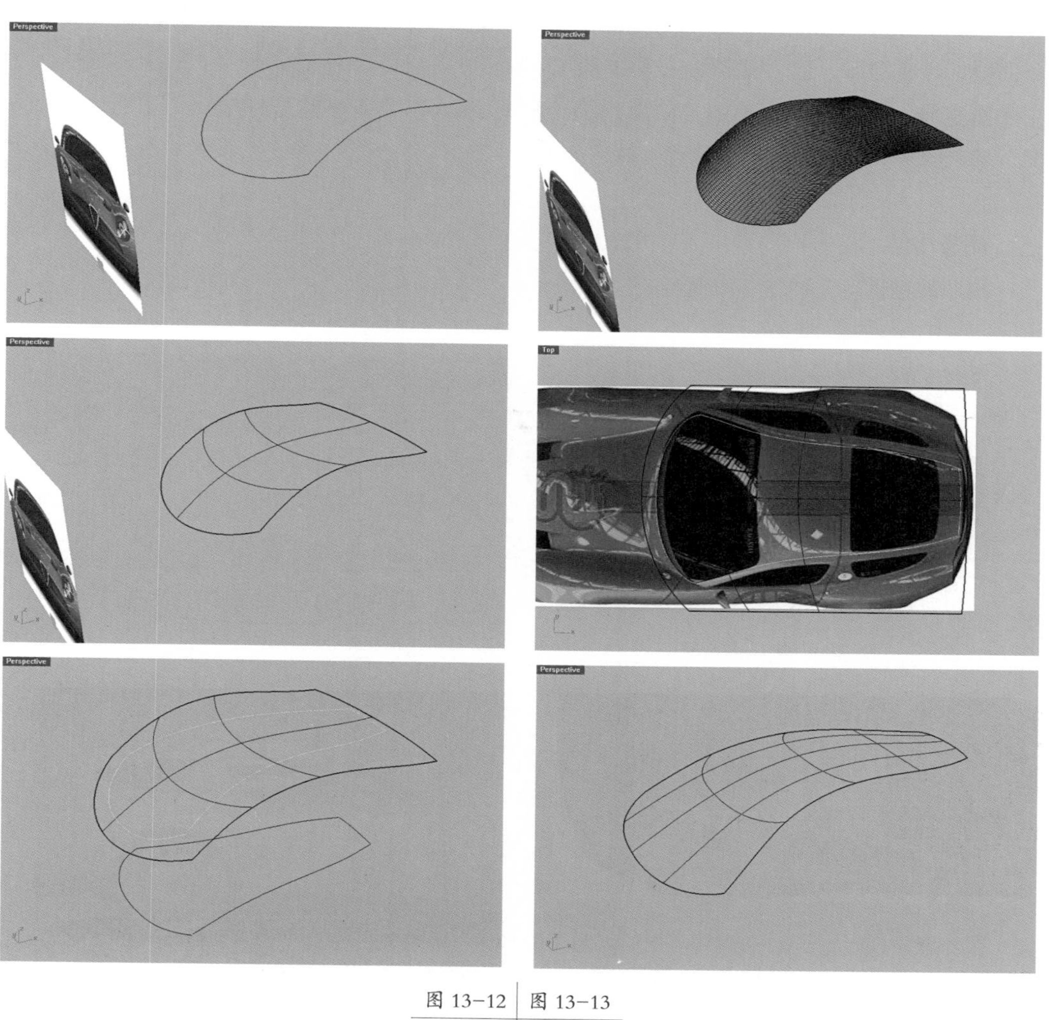

图 13–12	图 13–13
图 13–14	图 13–15
图 13–16	图 13–17

第三节 创建车窗模型

一、基础知识的介绍

学习曲线\从物件建立曲线\复制边缘；复习曲面\网线；学习曲面\曲面编辑工具\以公差修整。

二、任务实施

第一步：点击菜单栏上的“曲线\从物件建立曲线\复制边缘”，如图 13–18 选取曲线。

在左视图选取如图 13–19 的曲线，按住“Alt”键，向下拖放，复制一条曲线。

第二步：如图 13–20 在俯视图绘制曲线，在前视图移动和调整曲线，效果如图 13–21。

第三步：在右视图绘制如图 13–22 的曲线，在前视图移动和调整曲线，效果如图 13–23。

第四步：点击菜单栏上的“曲面\网线”，在提示“选取网线中的曲线”时，依次选取三条曲线，击右键后，选“确定”。效果如图 13–24。

第五步：点击菜单栏上的“曲面\曲面编辑工具\以公差修整”，在提示“以公差修整”时，输入“5”，回车，将曲面优化。效果如图 13–25。

三、任务小结

按照课程讲解，创建车窗模型。

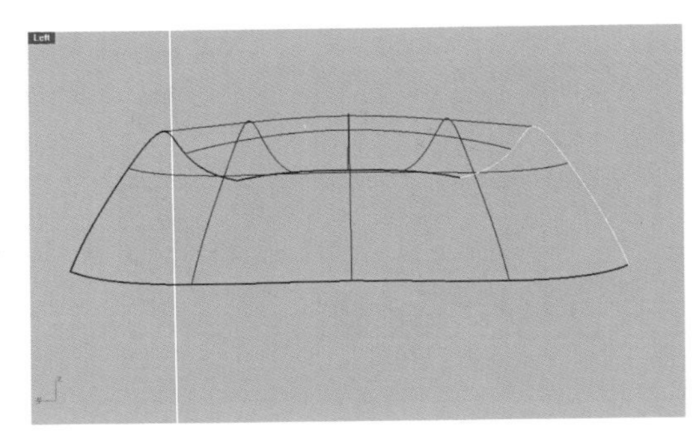

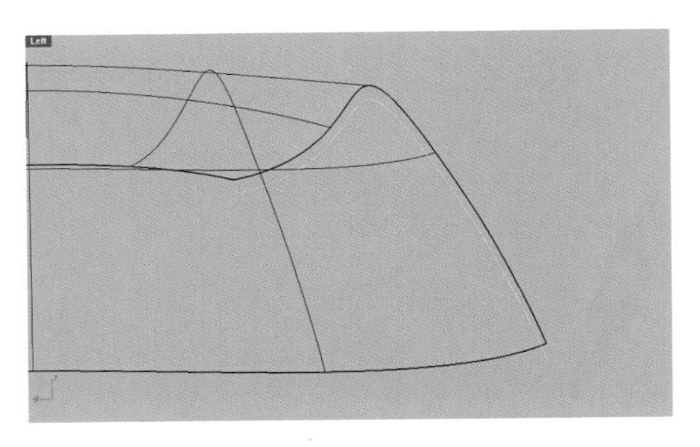

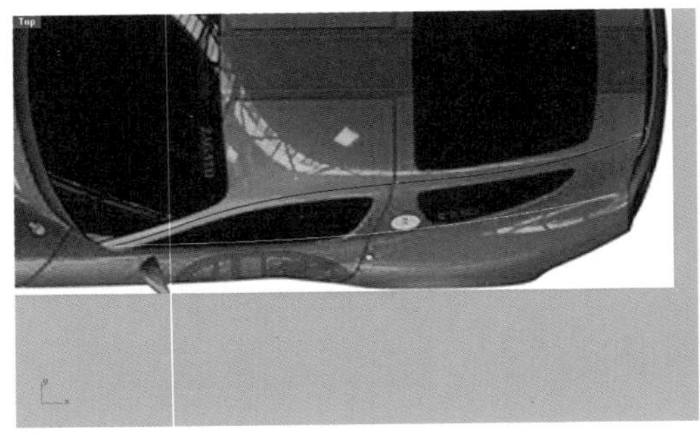

图 13–18	图 13–19
图 13–20	图 13–21

图 13-22	图 13-23
图 13-24	图 13-25

第四节　连接车顶和车窗

一、基础知识的介绍

复习曲线\混接曲线；复习曲面\网线；复习曲面\曲面编辑工具\以公差修整。

二、任务实施

第一步：点击菜单栏上的“曲线\混接曲线”，选取挡风玻璃和侧窗下边缘的两条曲线，混接出的曲线效果如图 13-26。

第二步：用同样的方法“混接”如图 13-27 的另外一条曲线。

第三步：点击菜单栏上的“曲面\网线”，在提示“选取网线中的曲线”时，依次选取四条曲线，击右键后，选“确定”。效果如图 13-28。

第四步：点击菜单栏上的“曲面\曲面编辑工具\以公差修整”，在提示“以公差修整”时，输入“5”，回车，将曲面优化。

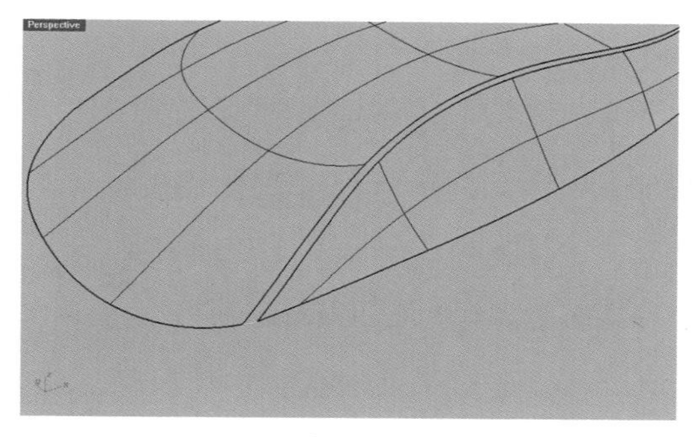

图 13-26

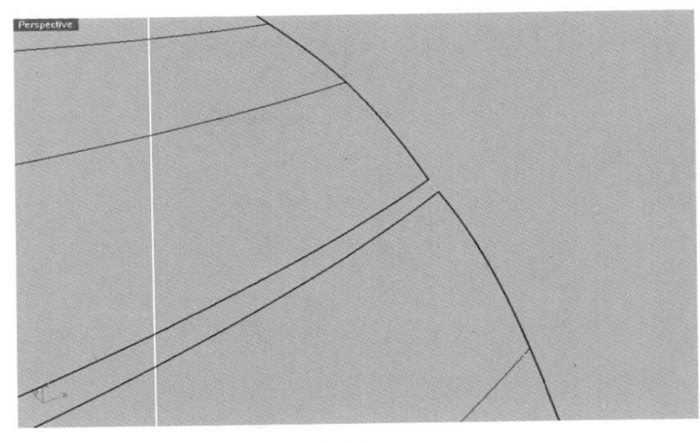
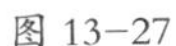

图 13-27

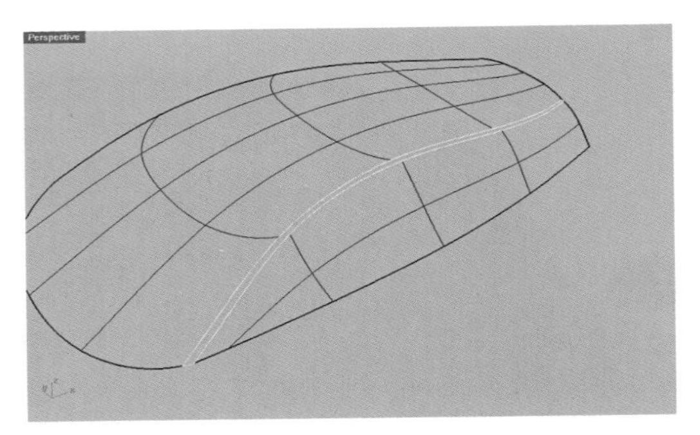

图 13-28

三、任务小结

按照课程讲解，连接车顶和车窗。

第五节　创建车体侧面模型

一、基础知识的介绍

复习绘制和编辑控制点曲线；复习曲面\网线；复习曲面\曲面编辑工具\以公差修整。

二、任务实施

第一步：在前视图用工具栏上的“控制点曲线”工具绘制曲线。在左视图和右视图调整曲线的控制点，使其如图 13-29 和图 13-30。

第二步：在前视图用工具栏上的“控制点曲线”工具绘制如图 13-31 的曲线。在左视图和右视图调整曲线的控制点，使其如图 13-32。

第三步：如图 13-33 绘制曲线，在不同的视口调整其空间位置。

第四步：如图 13-34 绘制曲线，在不同的视口调整其空间位置。

第五步：点击菜单栏上的“曲面\网线”，在提示“选取网线中的曲线”时，依次选取四条曲线，击右键后，选“确定”。效果如图 13-35。

图 13-29

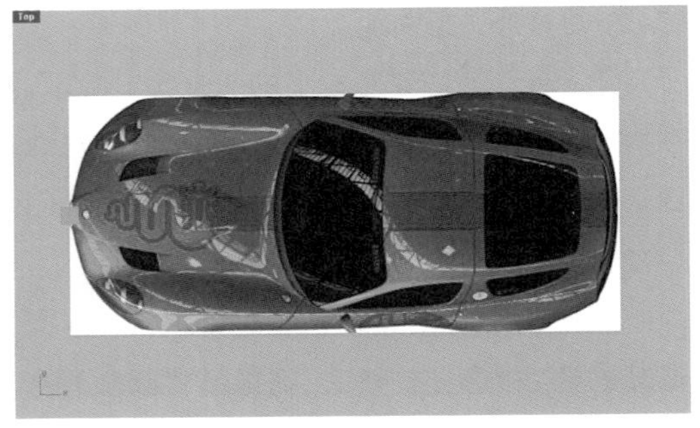

图 13-30

图 13-31	图 13-32
图 13-33	图 13-34
图 13-35	图 13-36

第六步：点击菜单栏上的“曲面\曲面编辑工具\以公差修整”，在提示“以公差修整”时，输入“5”，回车，将曲面优化。效果如图 13-36。

三、任务小结

按照课程讲解，创建车体侧面模型。

第六节　创建挡泥板的模型

一、基础知识的介绍

复习绘制控制点曲线；学习投影至曲面；复习修剪；学习曲线\曲线编辑工具\衔接；复

习曲面 \ 网线。

二、任务实施

第一步：在前视图用工具栏上的“控制点曲线”工具绘制如图 13–37 的曲线（绘制时打开状态栏上的“平面模式”）。

第二步：点击工具栏上的“投影至曲面”图标，在提示“选取要投影的曲线和点”时，选取刚绘制的这条曲线，击右键完成选取。在提示“选取要投影至其上的曲面、多重曲面和网格”时，选取车体侧面曲面，回车。效果如图 13–38。

第三步：点击工具栏上的“修剪”工具，如图 13–39 修剪掉不需要的曲面。

第四步：复制投影曲线，并调整其位置和形状，效果如图 13–40。

第五步：打开捕捉“端点”，如图 13–41 绘制曲线。

第六步：点击菜单栏上的“曲线 \ 曲线编辑工具 \ 衔接”。在提示“选取要改变的开放曲线”时，选刚绘制的曲线。在提示“选取要衔接的开放曲线”时，选取图示的曲面边缘。在弹出的选项中，均选相切。效果如图 13–42。

第七步：用同样的方法绘制 13–43 的曲线。

第八步：点击菜单栏上的“曲面 \ 网线”，在提示“选取网线中的曲线”时，依次选取四条曲线，点击右键后，选“确定”。效果如图 13–44。

第九步：用同样的方法创建如图 13–45 的后轮挡泥板。

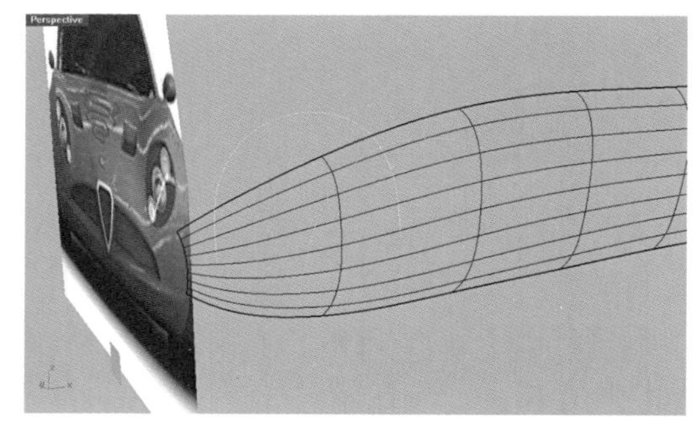

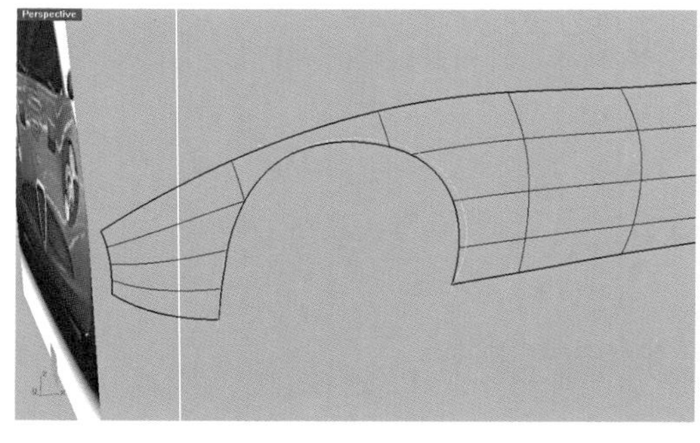

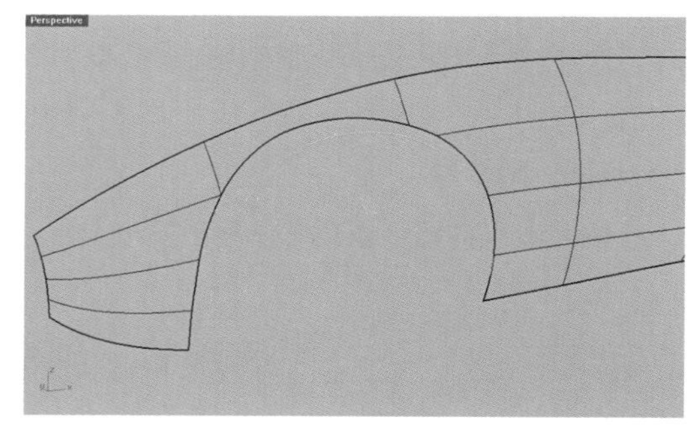

图 13–37 | 图 13–38
图 13–39 | 图 13–40

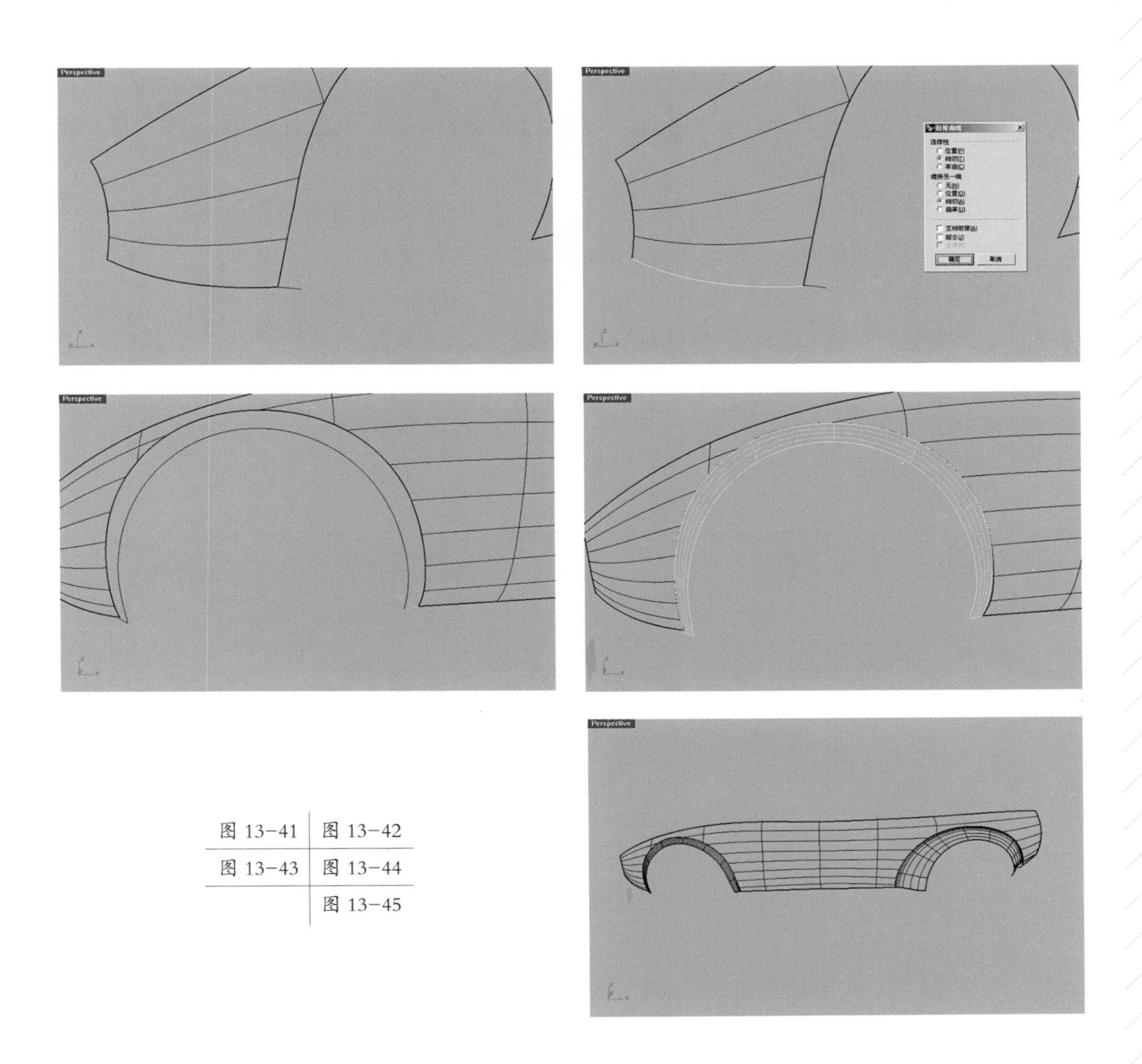

图 13-41	图 13-42
图 13-43	图 13-44
	图 13-45

三、任务小结

按照课程讲解，创建挡泥板模型。

第七节　创建腰身部位的浅槽

一、基础知识的介绍

复习绘制控制点曲线；复习投影至曲面；复习修剪；复习曲面\网线；学习曲面\以二、三或四个边缘曲线建立曲面。

二、任务实施

第一步：在前视图用工具栏上的“控制点曲线”工具绘制如图 13-46 的曲线（绘制时打开状态栏上的“平面模式”）。

第二步：点击工具栏上的“投影至曲面”图标，在提示“选取要投影的曲线和点”时，选取刚绘制的这组曲线，击右键完成选取。在提示“选取要投影至其上的曲面、多重曲面和网格”时，选取车体侧面曲面，回车。

第三步：点击工具栏上的“修剪”工具，如图 13–47 修剪掉不需要的曲面。

第四步：复制投影曲线，移动和调整至如图 13–48 的位置。

第五步：点击菜单栏上的“曲面 \ 网线”，在提示“选取网线中的曲线”时，依次选取四条曲线，击右键后，选“确定”。效果如图 13–49。

第六步：点击工具栏上的“曲面 \ 以二、三或四个边缘曲线建立曲面”，如图 13–50 选取两个边缘，击右键完成。

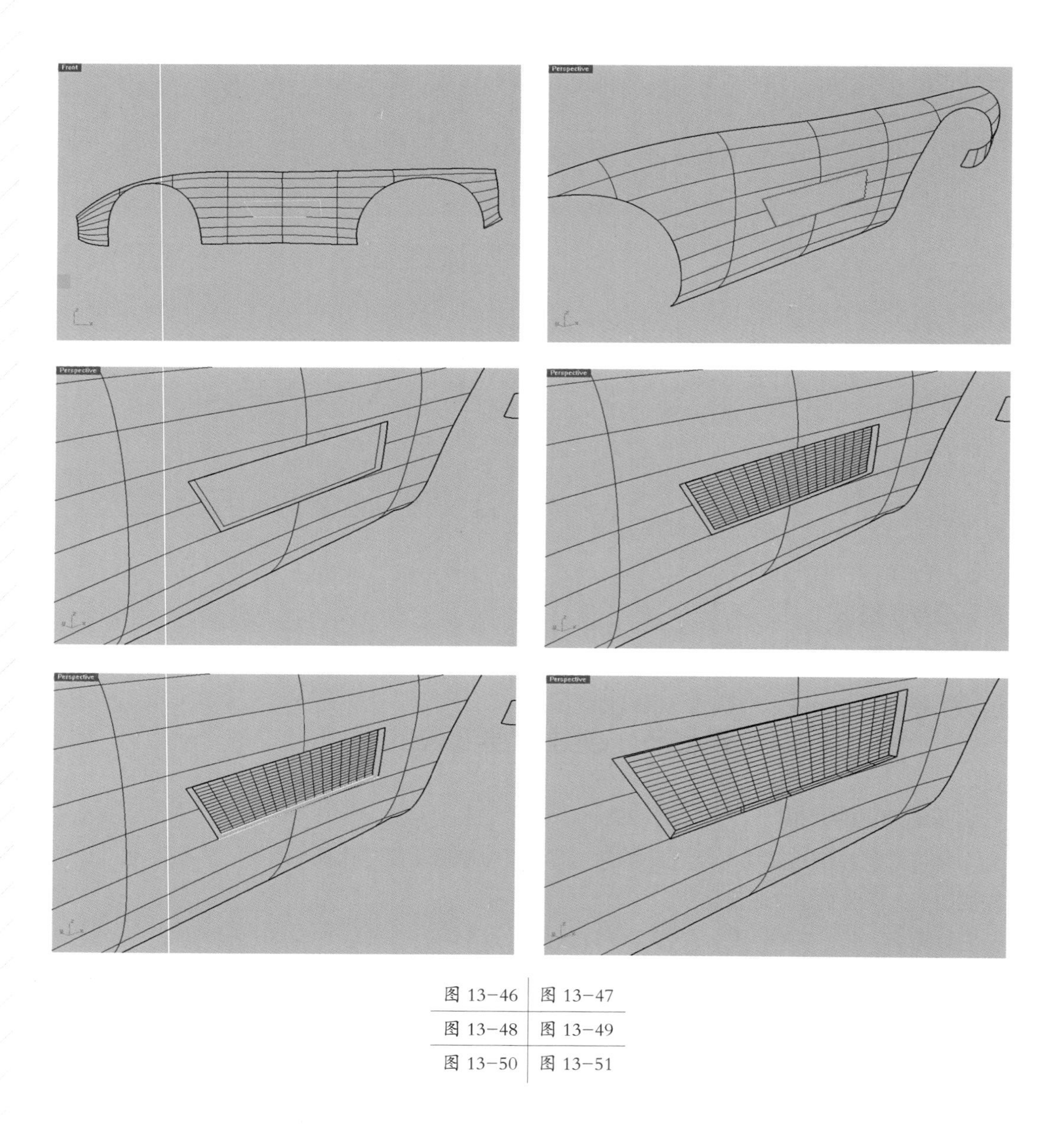

图 13–46	图 13–47
图 13–48	图 13–49
图 13–50	图 13–51

第七步：用相同的方法创建如图 13-51 和图 13-52 的其他三个曲面。

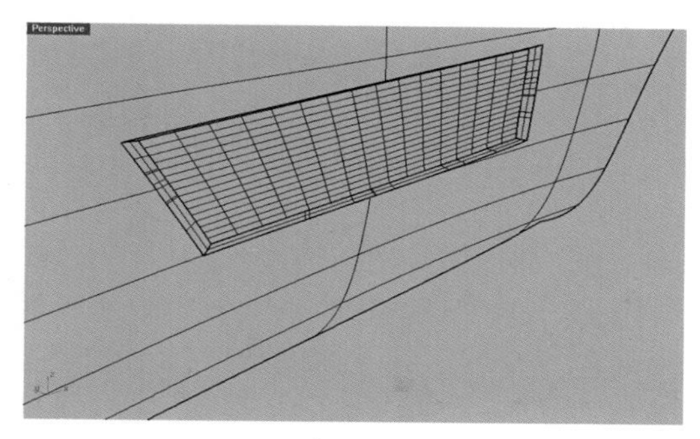

图 13-52

三、任务小结

按照课程讲解，创建腰身部位的模型。

第八节　完成车身侧面

一、基础知识的介绍

复习曲线\从物件建立曲线\复制边缘；复习分割；复习曲面\网线；复习变动\镜像。

二、任务实施

第一步：点击菜单栏上的“曲线\从物件建立曲线\复制边缘”，如图 13-53 复制一条曲线。

第二步：点击工具栏上的“分割”工具，选取刚复制的曲线，输入“p”，回车。在如图 13-54 所示位置点击分割点，将曲线分割。

第三步：如图 13-55 绘制两条曲线。

第四步：点击菜单栏上的“曲面\网线”，在提示“选取网线中的曲线”时，依次选取四条曲线，击右键后，选“确定”。效果如图 13-56。

第五步：如图 13-57 绘制三条曲线，再用“曲面\网线”工具创建曲面。

第六步：选取车身侧面的所有曲面，点击菜单栏上的“变动\镜像”，复制出另一半车身。效果如图 13-58。

三、任务小结

按照课程讲解，创建车身侧面的模型。

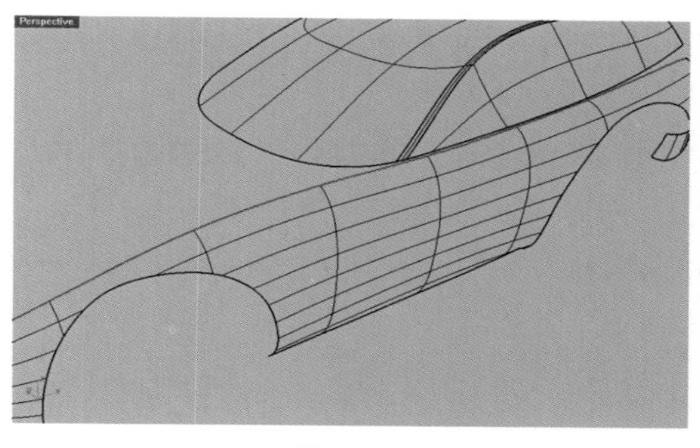

图 13-53

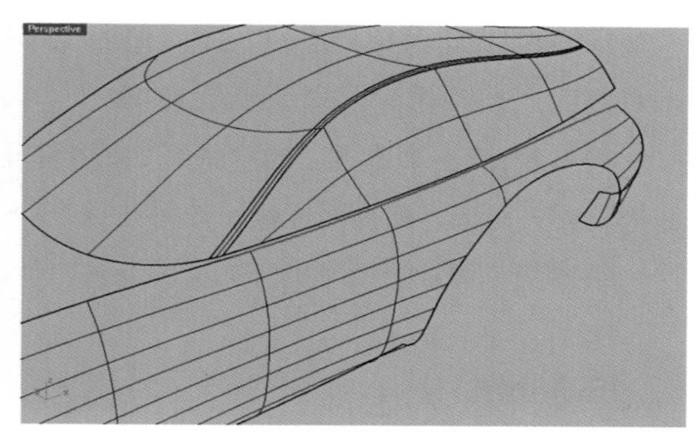

图 13-54

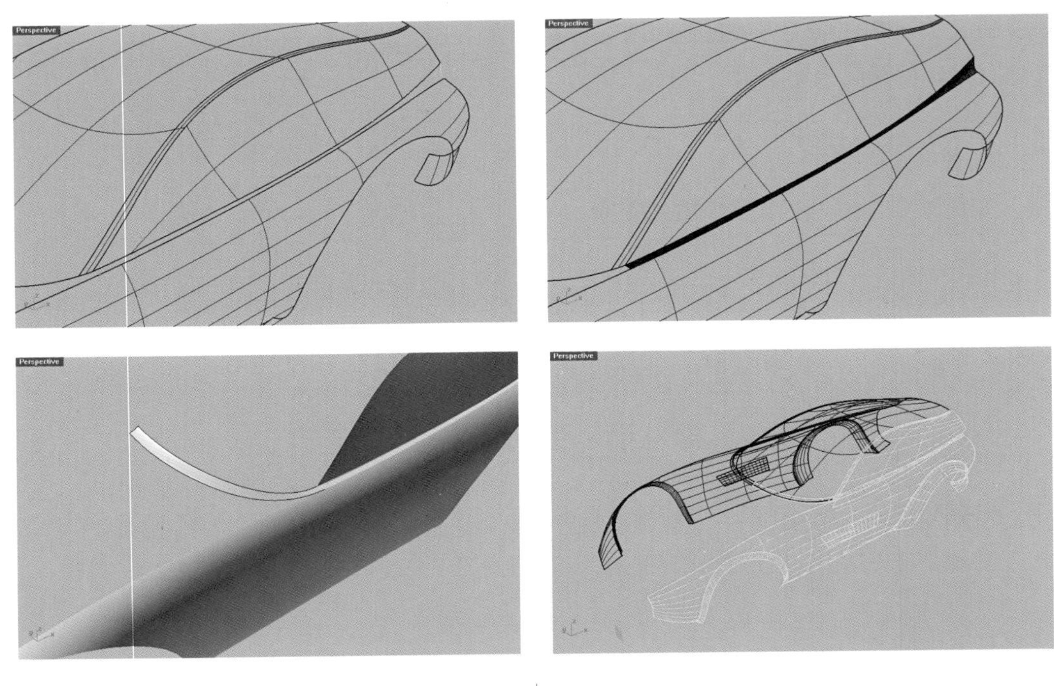

图 13-55	图 13-56
图 13-57	图 13-58

第九节　创建引擎盖

一、基础知识的介绍

复习曲面 \ 网线；复习曲面 \ 曲面编辑工具 \ 以公差修整；复习镜像复制。

二、任务实施

第一步：如图 13-59 绘制四条曲线。

第二步：点击菜单栏上的“曲面 \ 网线”，在提示“选取网线中的曲线”时，依次选取四条曲线，击右键后，选“确定”。效果如图 13-60。

第三步：如图 13-61 绘制曲线。

第四步：点击菜单栏上的“曲面 \ 网线”，在提示“选取网线中的曲线”时，依次选取四条曲线，击右键后，选“确定”。效果如图 13-62。

第五步：点击菜单栏上的“曲面 \ 曲面编辑工具 \ 以公差修整”，在提示“以公差修整”时，输入“5”，回车，将曲面优化。效果如图 13-63。

第六步：镜像复制刚创建的曲面，效果如图 13-64。

三、任务小结

按照课程讲解，创建引擎盖模型。

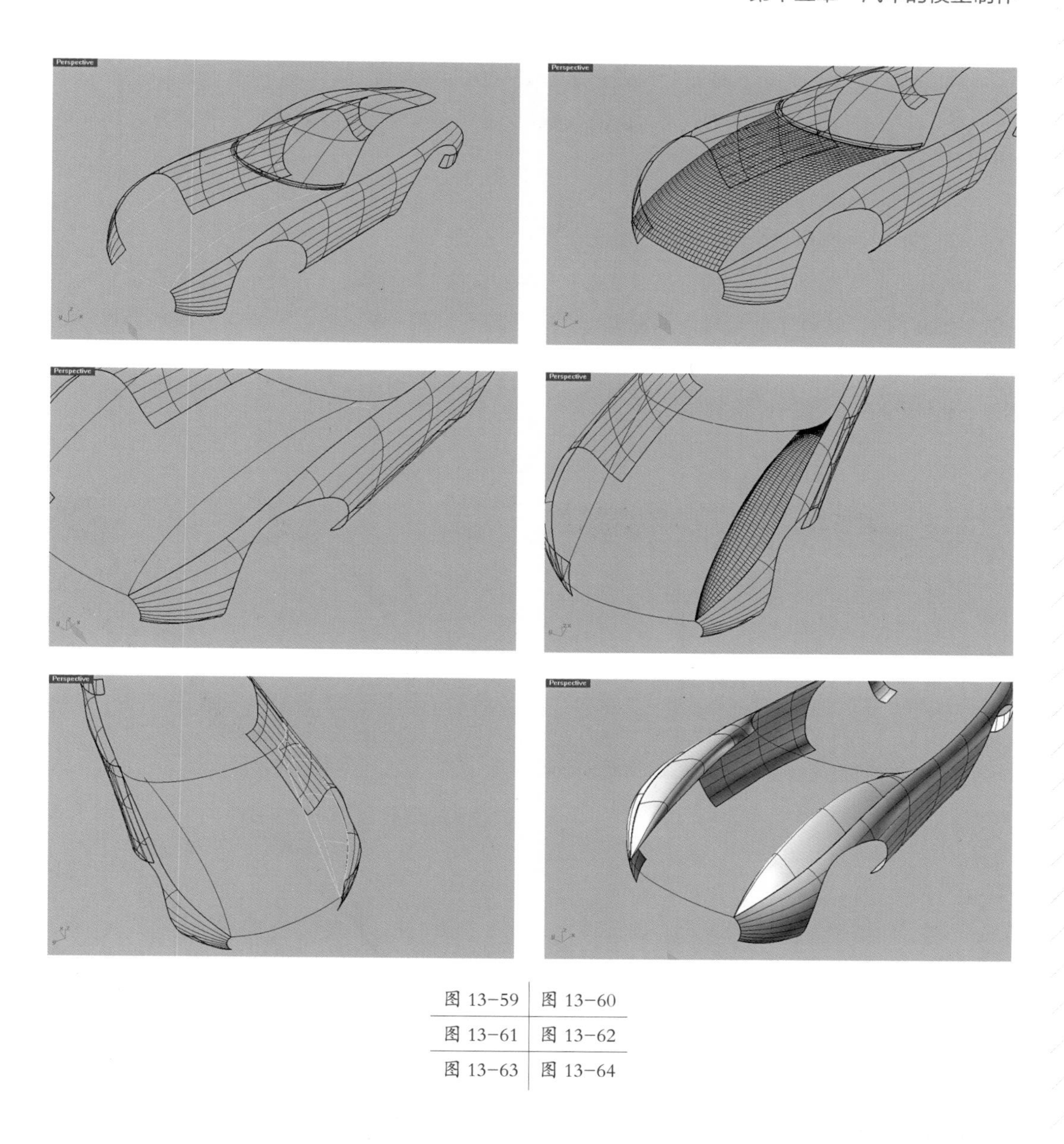

图 13-59	图 13-60
图 13-61	图 13-62
图 13-63	图 13-64

第十节　创建引擎盖上的凸起

一、基础知识的介绍

复习绘制曲线；复习投影；复习曲线 \ 曲线编辑工具 \ 以公差整修；复习镜像复制；学习曲线 \ 从物件建立曲线 \ 断面线；复习曲面 \ 网线；曲面 \ 曲面编辑工具 \ 以公差修整；曲面 \ 以二、三或四个边缘曲线建立曲面。

二、任务实施

第一步：在俯视图如图绘制 13-65 的曲线。

第二步：运用“投影”将曲线投影到如图 13-66 的曲面上。

第三步：点击菜单栏上的“曲线 \ 曲线编辑工具 \ 以公差整修”，选取投影曲线，按默认回车。

第四步：如图 13-67 调整曲线。

第五步：如图 13-68 镜像复制这条曲线。

第六步：点击菜单栏上的“曲线 \ 从物件建立曲线 \ 断面线”，在提示“选取要建立断面线的物体”时，选取车前部曲面。在提示“断面起点”和“断面终点”时，分别选择投影线的两端。效果如图 13-69。

第七步：如图 13-70 绘制曲线。

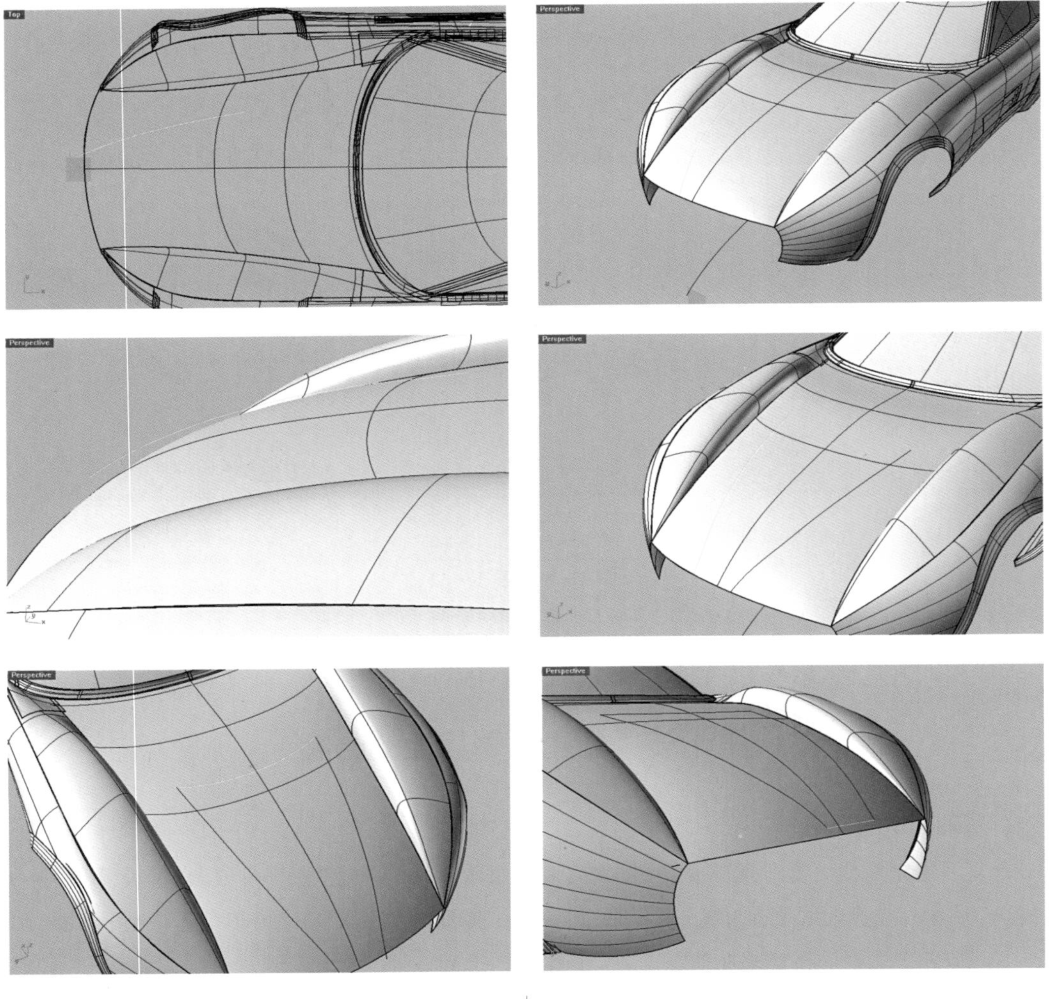

图 13-65	图 13-66
图 13-67	图 13-68
图 13-69	图 13-70

第八步：点击菜单栏上的“曲面\网线”，在提示“选取网线中的曲线”时，依次选取四条曲线，击右键后，选“确定”。效果如图 13-71。

第九步：点击菜单栏上的“曲面\曲面编辑工具\以公差修整”，在提示“以公差修整”时，输入“5”，回车，将曲面优化。效果如图 13-72。

第十步：再将俯视图上的曲线投影到曲面上一次，效果如图 13-73。

第十一步：点击主工具栏上的“曲面\以二、三或四个边缘曲线建立曲面”，如图 13-74 选择曲线、建立曲面。

第十二步：镜像复制该曲面。效果如图 13-75。

三、任务小结

按照课程讲解，创建引擎盖凸起的模型。

	图 13-71
图 13-72	图 13-73
图 13-74	图 13-75

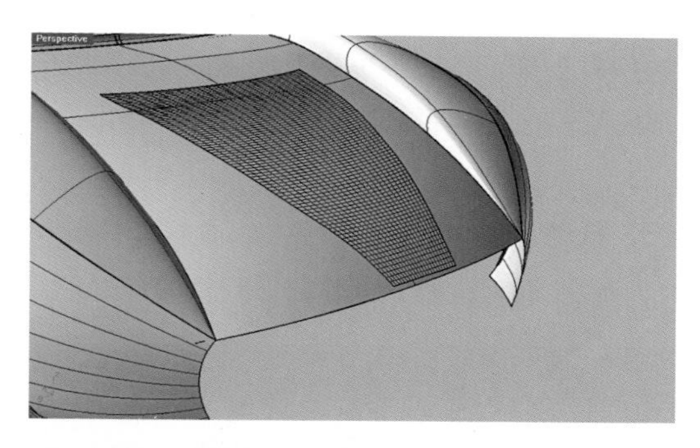

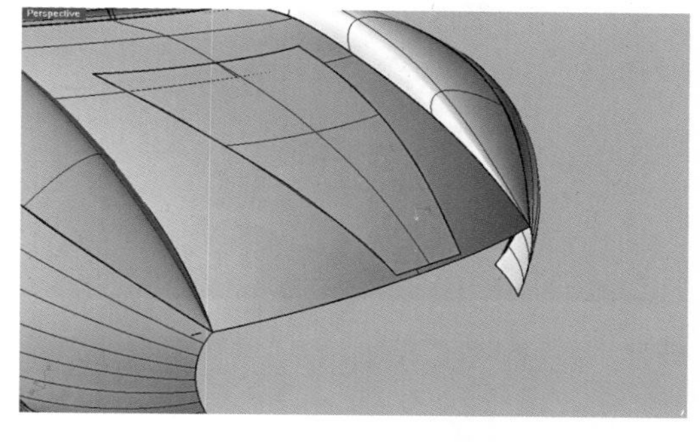

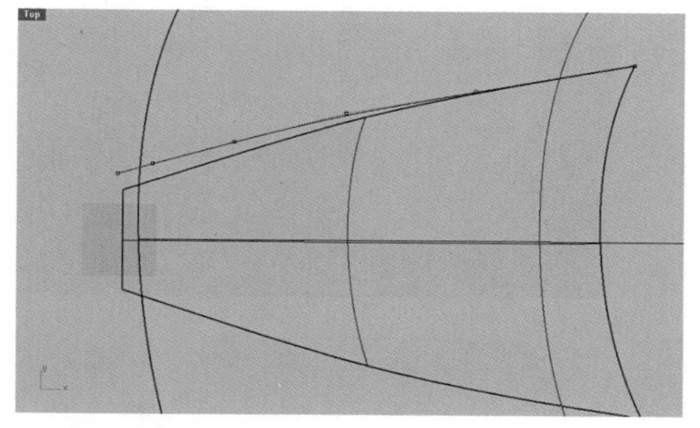

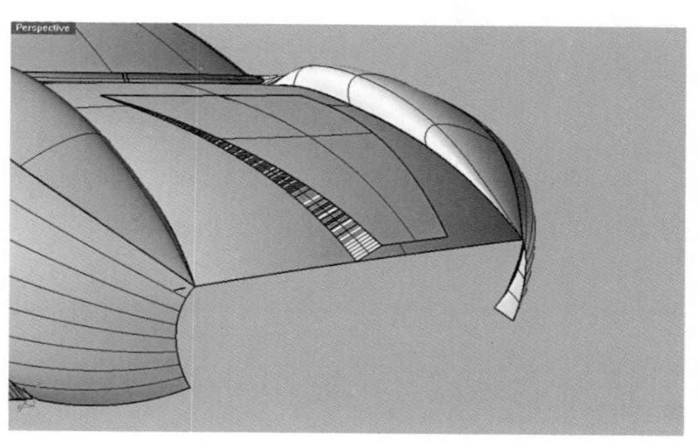

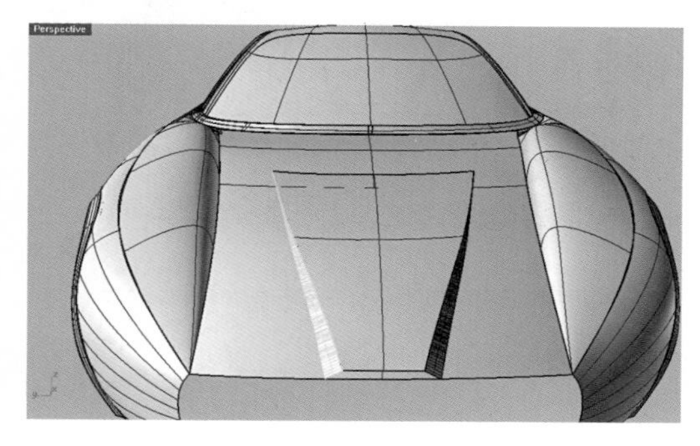

第十一节　创建前保险杠

一、基础知识的介绍

复习修剪；复习曲线 \ 曲线编辑工具 \ 衔接；

二、任务实施

第一步：如图 13-76 绘制曲线并“组合”。

第二步：“修剪”曲面如图 13-77。

第三步：如图 13-78 修剪另一侧的曲面。

第四步：如图 13-79 绘制两条曲线。

第五步：点击菜单栏上的“曲线 \ 曲线编辑工具 \ 衔接”。在提示“选取要改变的开放曲线”时，选刚绘制的曲线。在提示“选取要衔接的开放曲线”时，选取图示的曲面边缘。在弹出的选项中，均选相切。效果如图 13-80。

第六步：用同样的方法创建其余“衔接”效果，如图 13-81。

第七步：点击菜单栏上的“曲面 \ 网线”，在提示“选取网线中的曲线”时，依次选取四条曲线，击右键后，选“确定”。效果如图 13-82。

三、任务小结

按照课程讲解，创建前保险杠的模型。

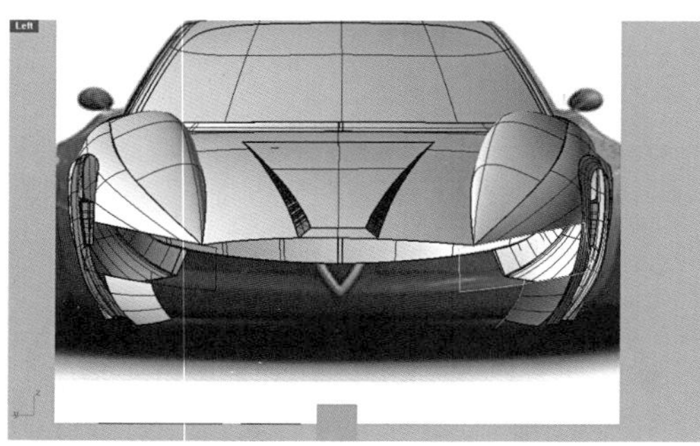

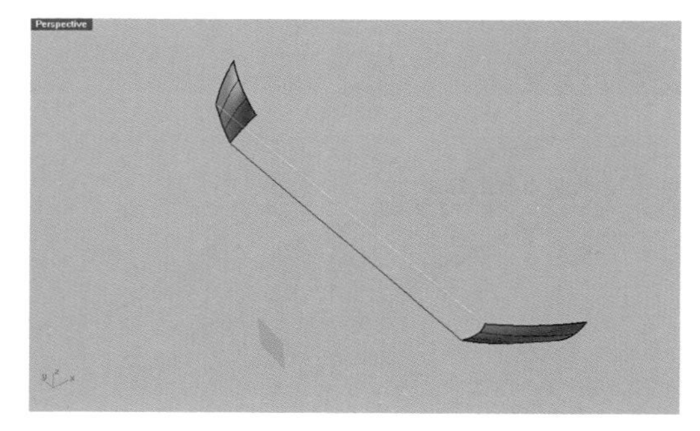

图 13-76	图 13-77
图 13-78	图 13-79

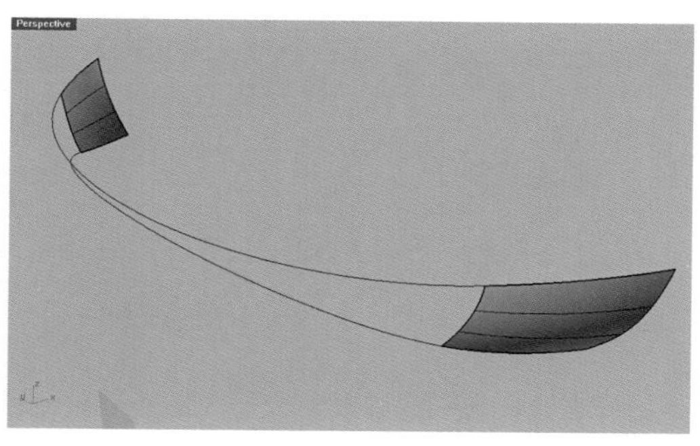

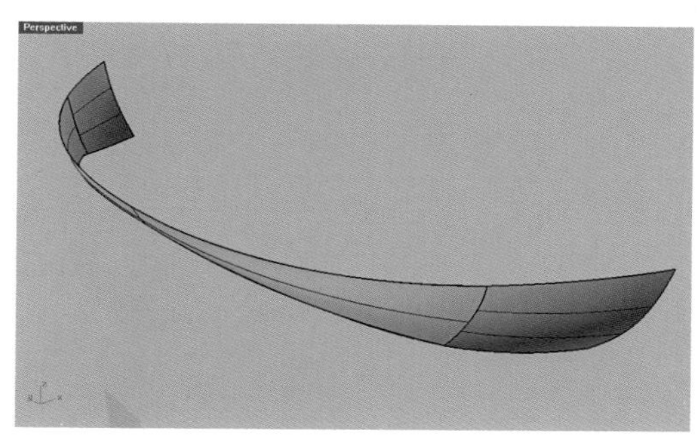

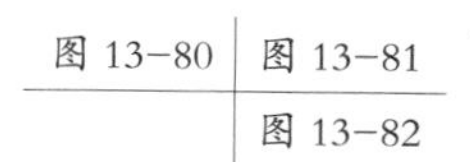
图 13-80　图 13-81
图 13-82

第十二节　完善前保险杠

一、基础知识的介绍

复习组合；学习曲线\偏移曲线；复习曲面\网线；复习曲面\曲面编辑工具\以公差修整。

二、任务实施

第一步：将图 13-83 的三条曲线“组合”。

第二步：点击菜单栏上的“曲线\偏移曲线”，输入“100”，在俯视图选取曲线，复制如图 13-84 的曲线。

第三步：绘制两条曲线，效果如图 13-85。

第四步：点击菜单栏上的“曲面\网线”，在提示“选取网线中的曲线”时，依次选取四条曲线，击右键后，选“确定”。效果如图 13-86。

第五步：点击菜单栏上的“曲面\曲面编辑工具\以公差修整”，在提示“以公差修整”时，输入“5”，回车，将曲面优化。效果如图 13-87。

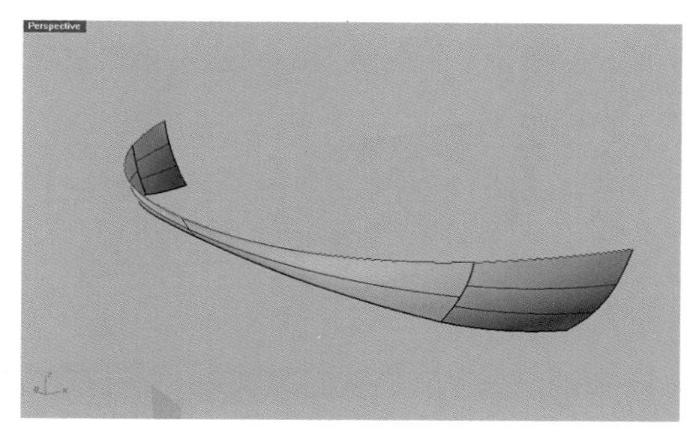
图 13-83

三、任务小结

按照课程讲解，完善前保险杠模型。

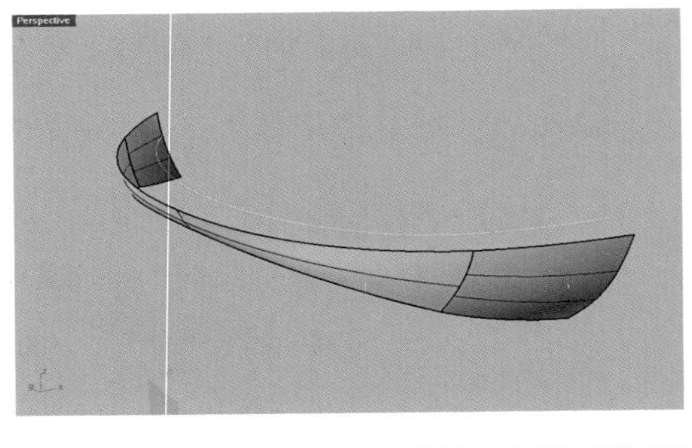

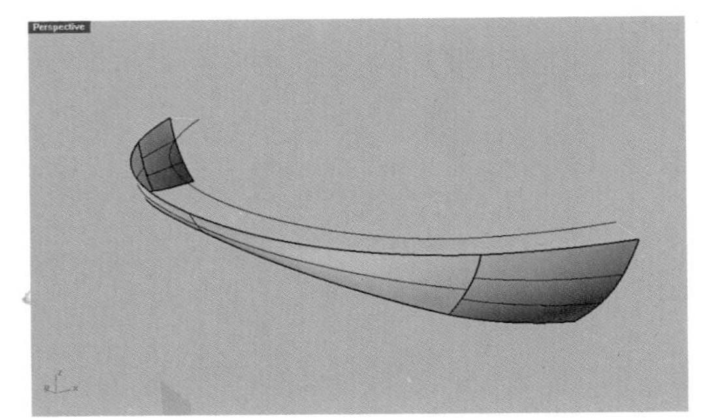

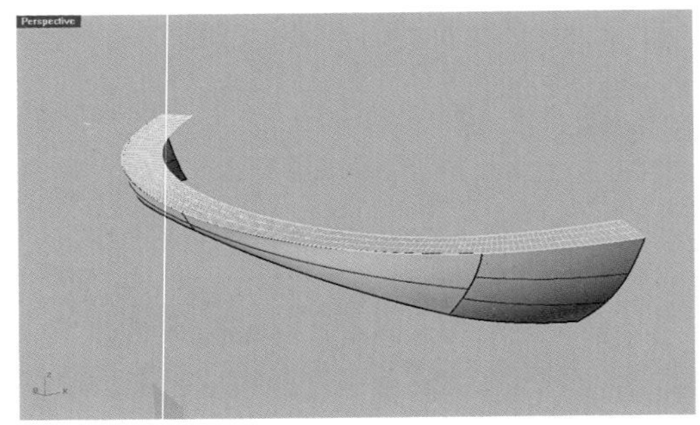

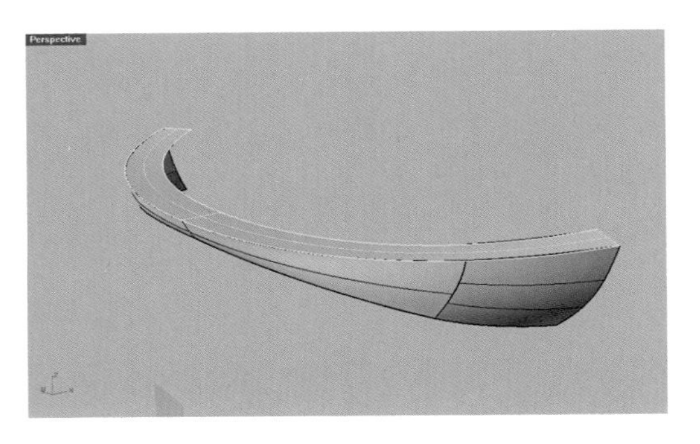

图 13-84	图 13-85
图 13-86	图 13-87

第十三节　创建进气格栅

一、基础知识的介绍

复习曲面\以二、三或四个边缘曲线建立曲面；复习镜像复制。

二、任务实施

第一步：创建四条曲线，注意曲线的空间位置。效果如图 13-88。

第二步：点击工具栏上的“曲面\以二、三或四个边缘曲线建立曲面”，如图 13-89 选取四个边缘，击右键完成。

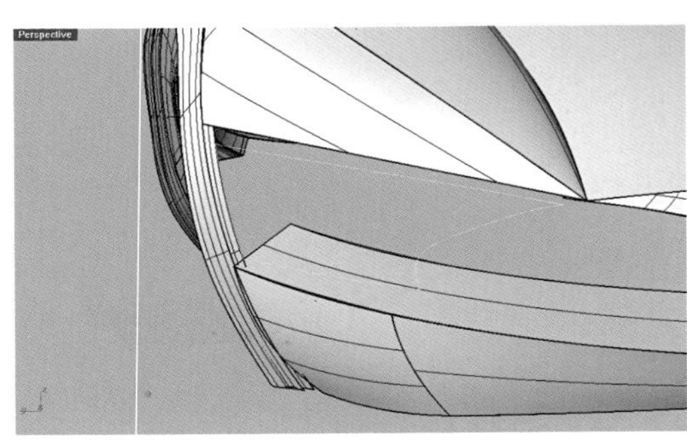

图 13-88

第三步：如图 13-90 绘制两条曲线。

第四步：点击工具栏上的“曲面\以二、三或四个边缘曲线建立曲面”，如图 13-91 选取四个边缘，击右键完成。

第五步：如图 13-92，镜像复制两个曲面。

第六步：绘制如图 13-93 的曲线。

第七步：点击工具栏上的“曲面\以二、三或四个边缘曲线建立曲面”，创建如图 13-94 的曲面。

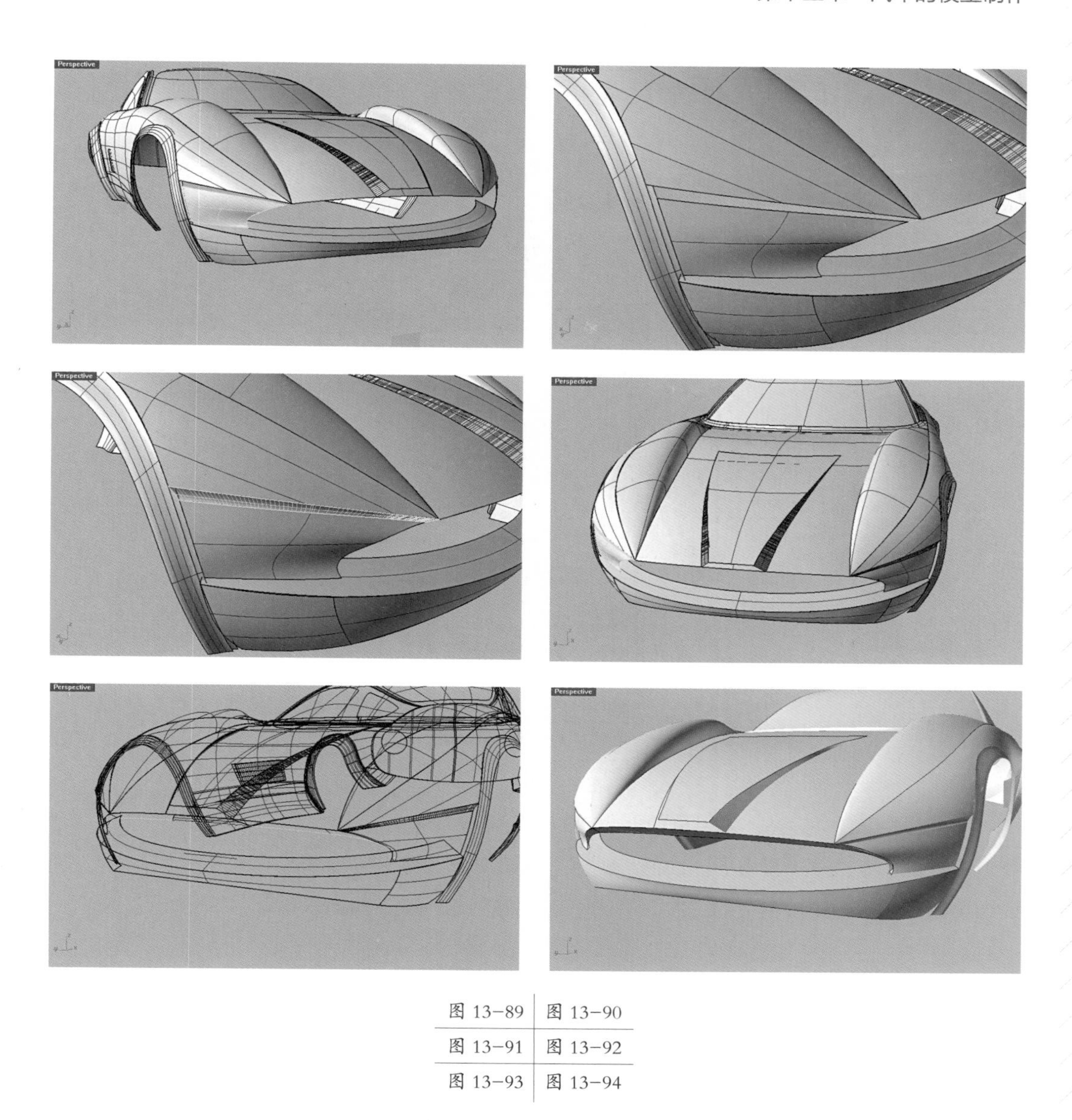

图 13-89	图 13-90
图 13-91	图 13-92
图 13-93	图 13-94

三、任务小结

按照课程讲解，创建进气格栅的模型。

第十四节　创建徽标

一、基础知识的介绍

复习绘制曲线；复习修剪；复习曲面\放样；学习曲面\嵌面。

二、任务实施

第一步：如图 13-95 绘制曲线。

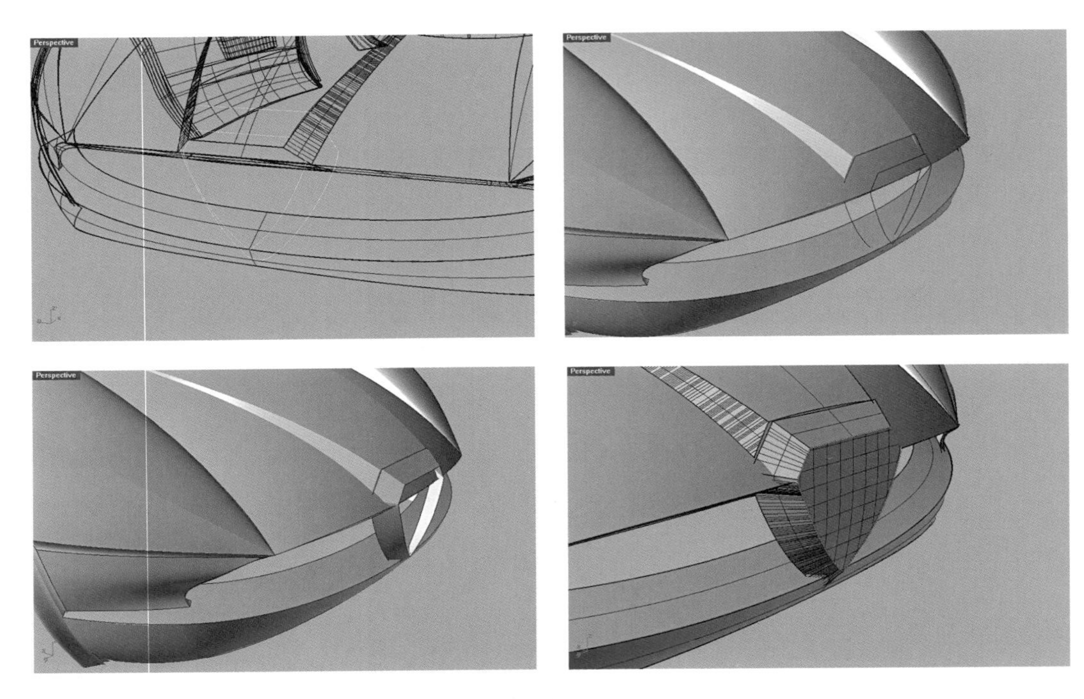

图 13–95	图 13–96
图 13–97	图 13–98

第二步：如图 13–96，将引擎盖上凸起的多余部分“修剪”掉。

第三步：点击菜单栏上的“曲面 \ 放样”，创建如图 13–97 的曲面。

第四步：点击菜单栏上的“曲面 \ 嵌面”，创建图 13–98 的曲面。

三、任务小结

按照课程讲解，创建徽标的模型。

第十五节　创建车灯和车窗

一、基础知识的介绍

复习投影和分割。

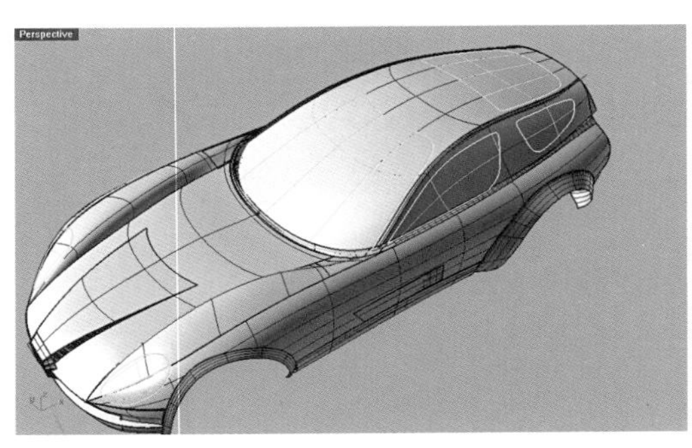

图 13–99

二、任务实施

第一步：如图 13–99，用“投影”和“分割”的方法创建车灯和车窗的曲面。

三、任务小结

按照课程讲解，创建车灯和车窗的模型。

第十六节　创建尾部模型

一、基础知识的介绍

复习绘制曲线；复习双轨扫掠；复习镜像复制；复习组合；复习修剪。

二、任务实施

第一步：如图 13–100 绘制曲线。

第二步：运用“双轨扫掠”工具创建如图 13–101 的曲面。

第三步：“镜像”复制出另外一面。如图 13–102。

第四步：将两个曲面“组合”。

第五步：将多余的部分“修剪”掉。效果如图 13–103，并通过“投影”和“修剪”创建出后车灯的模型。

三、任务小结

按照课程讲解，创建汽车尾部的模型。

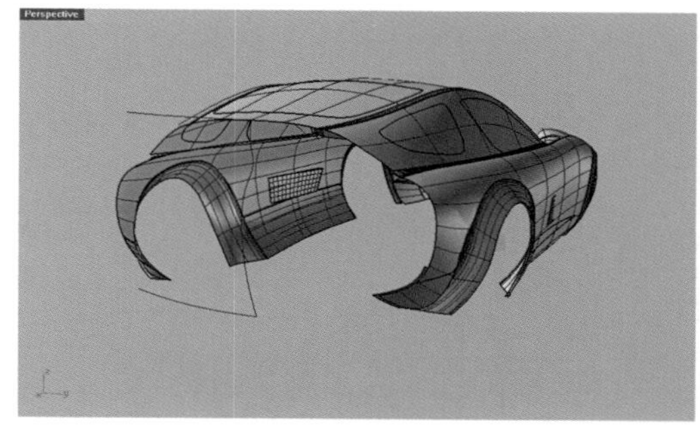

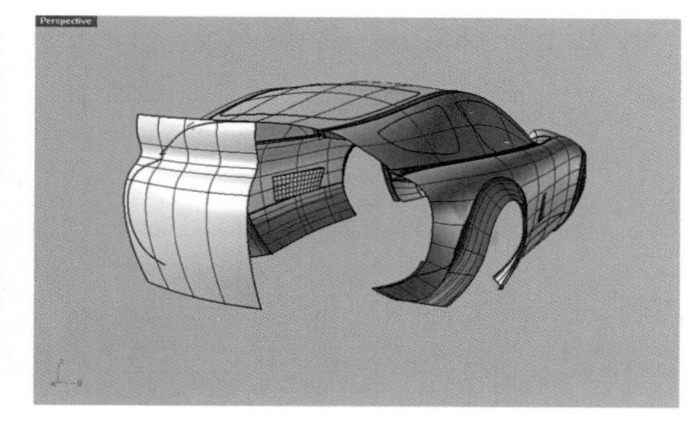

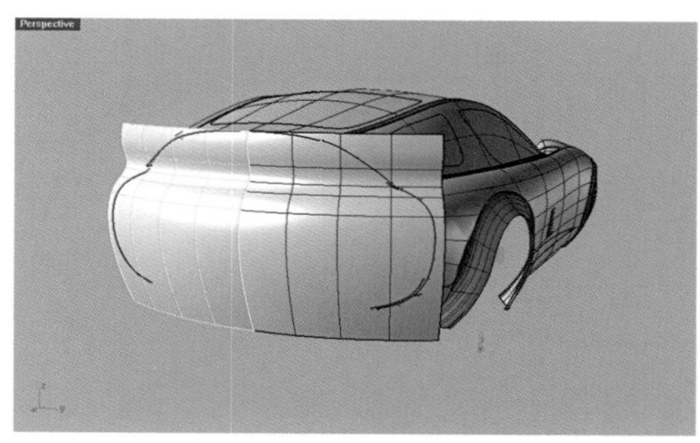

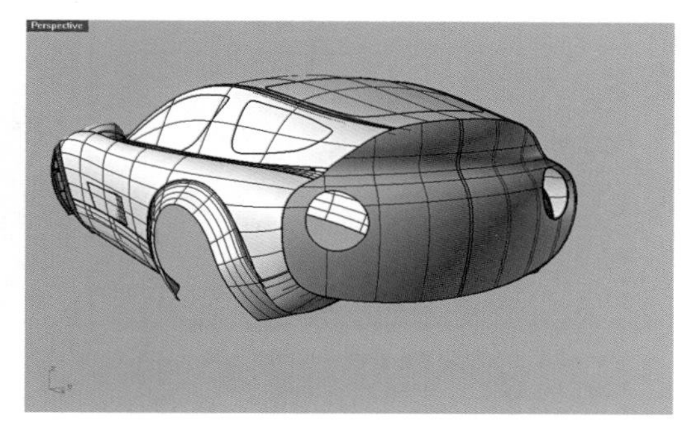

图 13–100	图 13–101
图 13–102	图 13–103

第十七节　创建车轮模型

一、基础知识的介绍

复习绘制曲线；复习曲面\旋转；复习投影；复习阵列；复习修剪；复习挤出；复习曲面圆角；复习复制。

二、任务实施

第一步：如图 13-104 在左视图绘制曲线。

第二步：运用“曲面\旋转”工具，创建轮胎的整体模型，效果如图 13-105。

第三步：运用“投影”工具，将图 13-106 的曲线投影到轮胎曲面上来。

第四步：运用“阵列”将投影曲线阵列出来，阵列数 19，效果如图 13-107。

第五步：运用“修剪”工具，修剪出轮毂模型。

第六步：运用“挤出”工具，挤出镂空的侧面。

第七步：运用“曲面圆角”工具，制作倒圆角。效果如图 13-108。

第八步：复制另外三个车轮。整车的最后效果如图 13-109。

三、任务小结

按照课程讲解，创建车轮模型。

图 13-104	图 13-105	图 13-106
图 13-107	图 13-108	图 13-109

第十四章　KeyShot 渲染实例

【学习任务】

学习 KeyShot 渲染软件的照明设置和常用材质设置。

【任务目标】

陶瓷、木材、塑料、金属、漆面、橡胶、玻璃等材质的渲染。

【任务要求】

灯光合理、质感逼真、贴图准确、场景合适。

KeyShot 意为“THE KEY TO AMAZING SHOTS”，是一款优良的光线跟踪和全局光照渲染程序，由 LUXION APS 发行制作。

KeyShot 是一款即时渲染软件，可以让使用者在调节渲染参数的同时能够在软件中直接观察渲染的效果，从而更方便地设置渲染的参数，提高渲染效率。KeyShot 的出现实现了渲染的“平民化”，让原来需要专业人员才能进行的渲染工作变得轻松起来。

KeyShot 可以单独使用，也可以作为插件安装到相关建模软件中，安装到不同的软件中需要不同的接口文件，当在 Rhino 中安装 KeyShot 渲染器之后，Rhino 的菜单栏中会出现有关 KeyShot 渲染器的选项，如图 14–1。

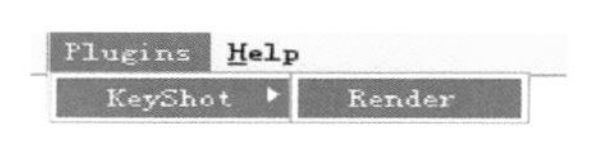

图 14–1

如果找不到 KeyShot 的菜单，可以选择⚙，在打开的控制面板中选择下方的 Install（安装），如图 14–2。

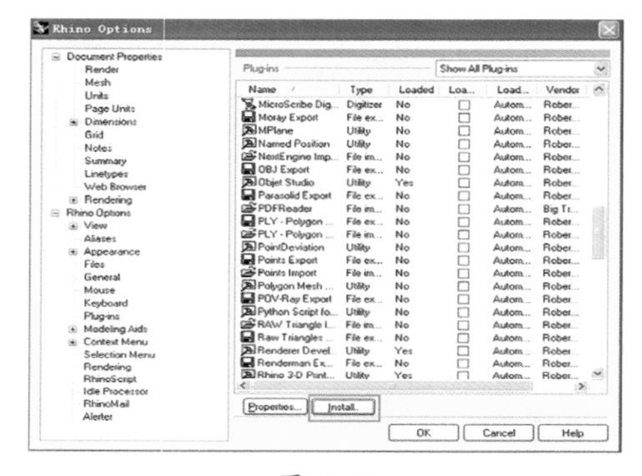

图 14–2

此时会弹出一个浏览窗口，选择 KeyShot 文件即可，如图 14–3。

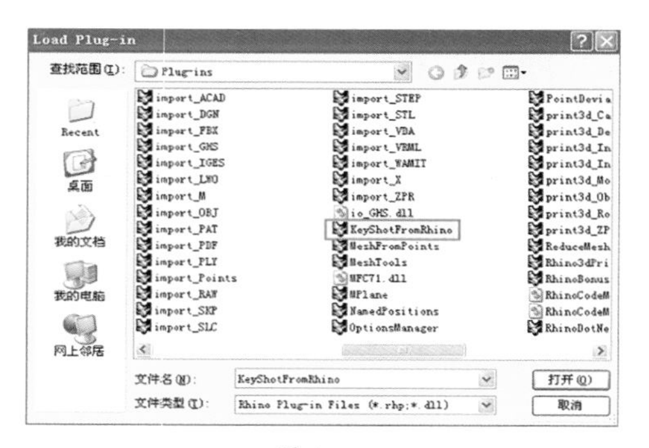

图 14–3

打开 KeyShot，界面如图 14–4。

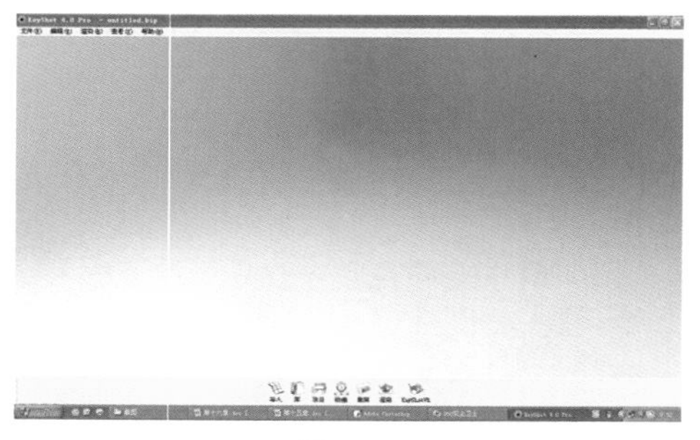

图 14–4

可以看到，KeyShot 的界面比较简洁，下面我们用一定篇幅对其进行简要介绍。

导入，用来导入要渲染的模型。

材质库，里面存有各种常用的材质，可以直接使用。

渲染编辑项目，里面包括对场景、材质、环境、相机等方面的设定。

动画，KeyShot 中可以非常方便地设置产品动画。

屏幕截图，由于 KeyShot 的即时渲染，屏幕截图可以作为渲染小样进行保存。

渲染，打开后是 KeyShot 的渲染面板，可以对渲染输出以及渲染质量进行设置。

图 14–5

第一节　花插的渲染

陶瓷花插的渲染图 14–5。

一、基础知识介绍

（一）KeyShot 的材质

1. 材质库的打开和认识

点击面板下方的按钮，可以弹出 KeyShot 的默认材质浮动面板，如图 14–6。

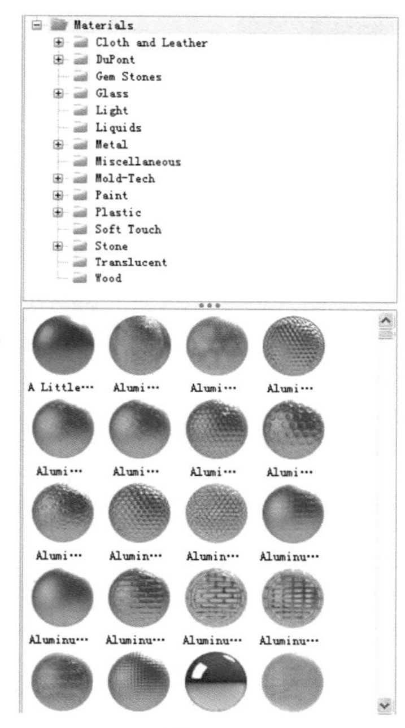

图 14–6

可以看到，KeyShot 把默认材质进行了分类，我们想要寻找特定材质的时候，就可以在列表中直接选择相关分类，下方的预览窗口终究会以缩略图方式显示我们所选择分类的所有材质效果。

2. 材质编辑窗口

材质编辑窗口可以对选用材质的具体属性进行调节，对不同材质来说，其属性面板的设置是不一样的。以金属材质为例，其界面如图 14–7。

（二）KeyShot 的照明

KeyShot 中的照明由贴图提供，在默认状态下，KeyShot 提供了若干照明样式，我们可以点击按钮，选择环境标签，即可打开环境照明贴图的列表，如图 14–8。

在渲染的时候，我们只需要将选中的贴图按住鼠标左键拖入渲染窗口中即可完成照明的设置。

当然，KeyShot 中也有针对环境照明的属性面板。在场景中任意模型上双击鼠标左键，在弹出的材质属性面板中选择环境标签，即可打开环境面板，在上面可以对环境照明有关的参数进行调节，如照明贴图的位置、大小、亮度等。属性面板如图 14–9。

图 14–7

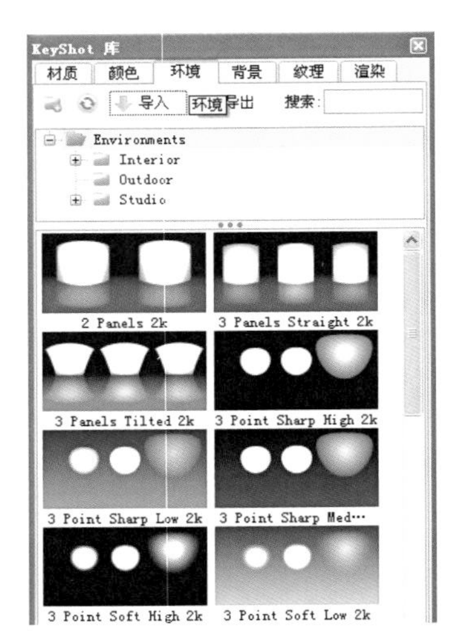

图 14-8

图 14-9

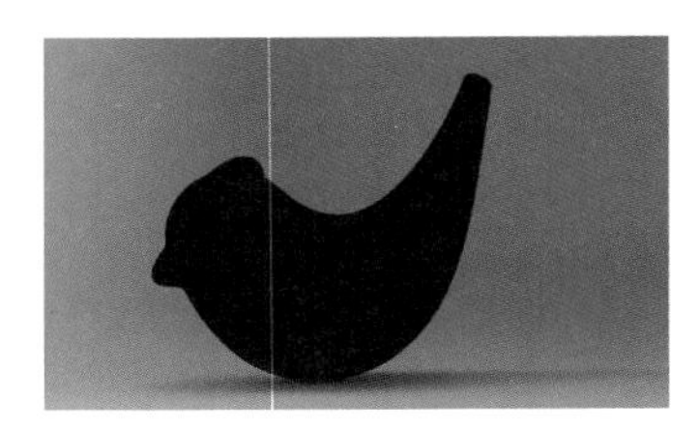

图 14-10

二、任务实施

第一步：导入 KeyShot

将制作好的模型按住鼠标左键拖动至 KeyShot 的窗口中，结果如图 14-10。可以看到，此时的渲染场景只有基本的灯光照明，模型也没有材质效果。下面我们将为模型设置材质、灯光、环境等效果。

第二步：设置环境

点击 KeyShot 窗口下方的“库按钮”，在弹出的控制面板中选择“环境”标签，如图 14-11。

选择面板中左上角第一个环境，将其拖动至 KeyShot 的渲染窗口中。

第三步：设置材质陶瓷

在渲染窗口中双击“百灵鸟花插”的模型，或者点击渲染窗口下方的“项目”按钮，会弹出如图 14-12 材质设置面板。

在类型下拉菜单中选择“油漆”材质，并更改色彩为白色，其他设置保持不变，结果如图 14-13。

此时，可以选择“项目”面板中的环境标签，调节一下环境的“旋转”设置，该设置通过旋转环境照明的方式来改变灯光在材质上的照明效果。同时，选择“背景”中的“色彩”，将颜色改为白色。其他设置保持不变，总体设置如图 14-14 所示。

渲染窗口中的即时显示结果如图 14-15。

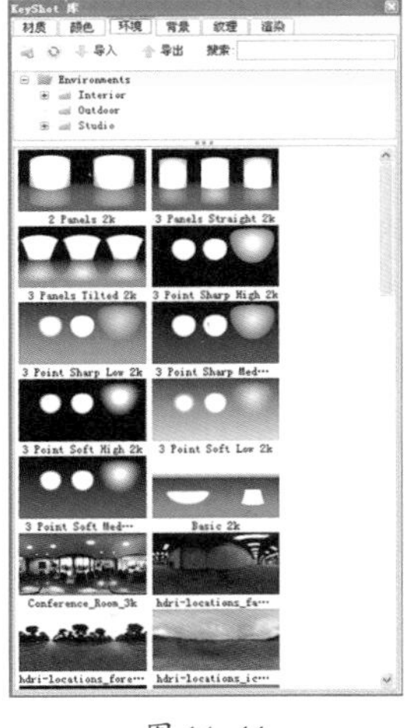

图 14-11

图 14-12

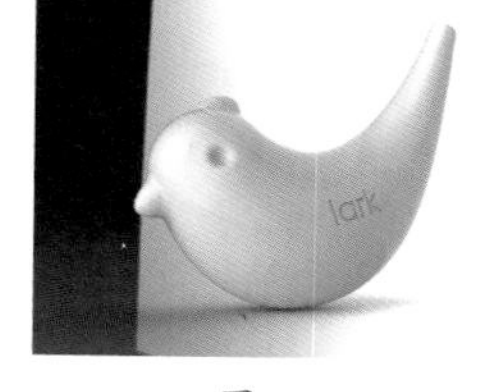

图 14-13

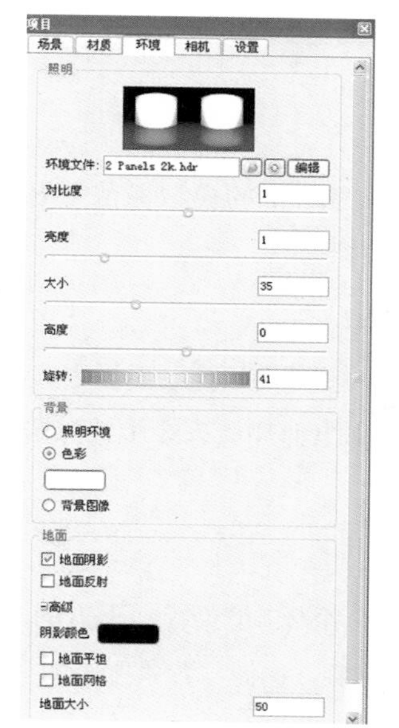

图 14-14

图 14-15

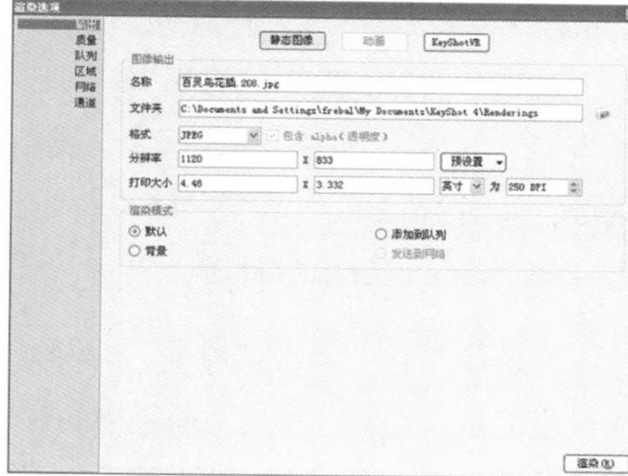

图 14-16

第四步：渲染设置

选择点击渲染窗口下方的“项目”按钮 渲染，弹出如图 14-16 所示渲染控制面板。在其“输出”选项中，我们可以更改文件名称、输出位置（默认为 KeyShot 安装文件夹内的 Renderings 选项）、格式（默认为 JPEG 格式）、分辨率大小等信息。

设置完成后，点击渲染控制面板右下角的渲染按钮 渲染(R) 即可进行图像的渲染工作。

三、任务小结

通过这个任务的实施，学生了解了 KeyShot 与 Rhino 的关系，能够将 Rhino 里建模的模型导入 KeyShot 渲染，并学习了环境照明的设置和陶瓷材质的设置。

第二节　家具的渲染

木质儿童座椅的渲染图 14-17。

图 14-17

一、基础知识介绍

巩固第一节照明及材质的设置。

二、任务实施

第一步：在 Rhino 中分层

如图 14-18 所示，为了给模型的不同部分赋予不同的材质，就需要实现在 Rhino 中对不同材质的部分进行分层。为了方便区分，可以将不同的层级设置为不同的颜色。

第二步：导入 KeyShot

将模型导入 KeyShot 中，可以看到 KeyShot 中的模型保留了 Rhino 中分层的效果。如图 14-19。

第三步：设置环境

点击 KeyShot 窗口下方的“库按钮”，在弹出的控制面板中选择“环境”标签，同渲染“花插模型”的指定方法一样，这次，我们在弹出的环境列表中选择厨房的环境作为场景的光照来源，如图 14-20。

第四步：设置木材材质

在渲染窗口中双击“椅子”的模型，或者点击渲染窗口下方的“项目”按钮，弹出材质设置面板。选择“项目”面板中的环境标签，选择“背景”中的“色彩”，将颜色改为白色。其他设置保持不变，实时渲染效果如图 14-21。

下面我们设置木材材质，在第三步中打开的“库面板”中，选择“材质”标签，此时会发现，面板的列表中出现了很多默认的材质效果。选择 Wood（木材）列表，如图 14-22。

选择合适的材质效果，用鼠标左键点击拖动到渲染窗口中对应的模型部分，松开鼠标，即可完成附予材质的操作。效果如图 14-23。

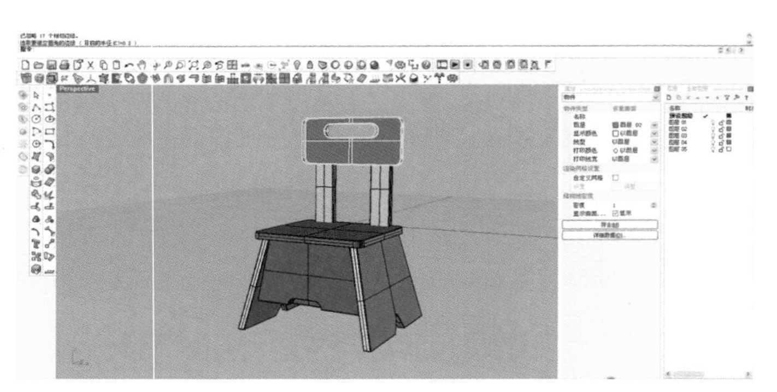

图 14-18

图 14-19

图 14-20

图 14-21

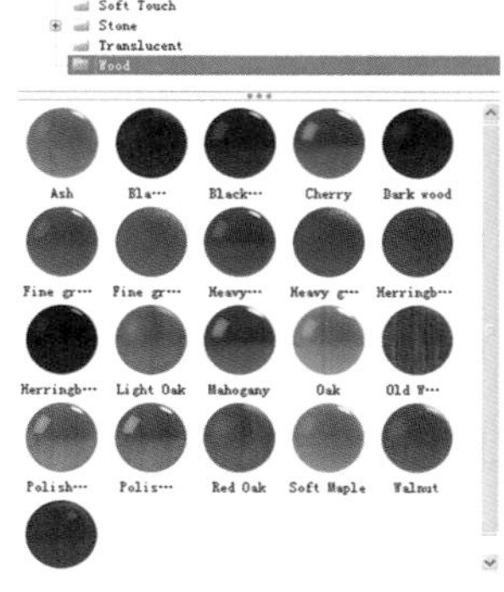

图 14-22

图 14-23

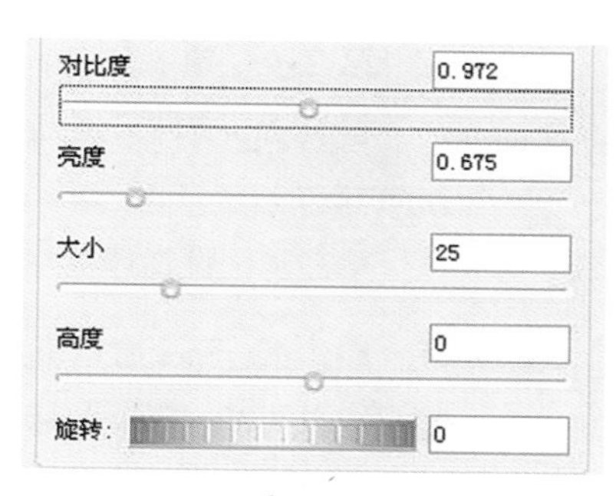

图 14-24

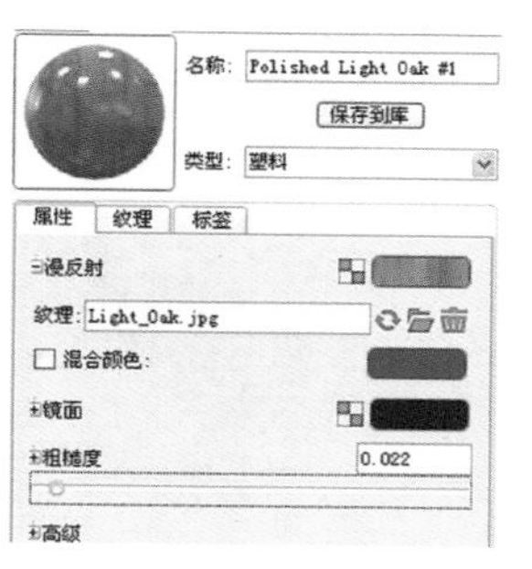

图 14-25

此时，如果我们发现场景太明亮的话，可以在渲染窗口的模型任意部分双击鼠标，即可打开“项目”面板。选择“环境”标签，可以适当将“亮度”设置的滑块适当向左调整。如图 14-24 所示。

然后，我们对材质属性进行适当调节。在需要调节的材质部分双击，打开材质属性面板，将“粗糙度”设置的滑块适当向右调整，增大材质表面的磨砂效果，如图 14-25。

图 14-26

调整后的实时渲染效果如图 14-26。

第五步：渲染

渲染面板的设置同前一个例子，这里不再赘述。

三、任务小结

通过这个任务的实施，学生巩固了环境的设置，学习了木材材质的设置。

第三节 开瓶器的渲染

塑料开瓶器的渲染如图 14-27。

图 14-27

一、基础知识介绍

巩固第一节照明及材质的设置。

二、任务实施

第一步：在 Rhino 中分层

场景中，我们计划制作三个不同颜色的方案，启瓶器主要为塑料材质和金属材质构成。所以每一种不同的材质都要放置在不同的图层中，并以颜色加以区分。Rhino 中分层的效果如图 14-28。

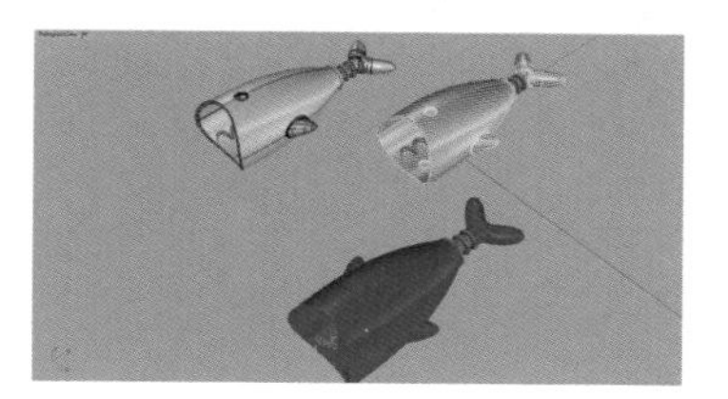

图 14-28

第二步：导入 KeyShot

将 Rhino 文件直接拖动进入 KeyShot 渲染窗口中，结果如图 14-29。

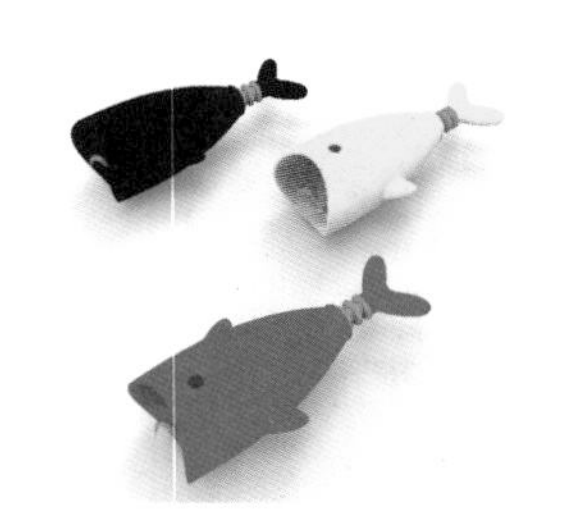

图 14-29

第三步：设置环境

点击 KeyShot 窗口下方的“库按钮” ，在弹出的控制面板中选择“环境”标签，如图 14-30。

选择面板中左上角第一个环境，将其拖动至 KeyShot 的渲染窗口中。

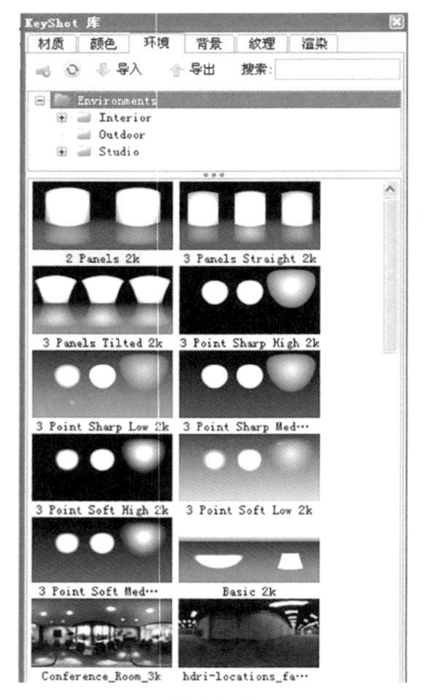

图 14-30

第四步：设置塑料材质

我们先设置“黄色鱼”的材质，首先设置塑料材质。在模型的“黄色塑料”部分双击，打开材质设置面板。在“类型”下拉菜单中选择“塑料”，将“镜面”设置后面的颜色改为白色，即可实现塑料的反射效果。材质设置如图 14-31。

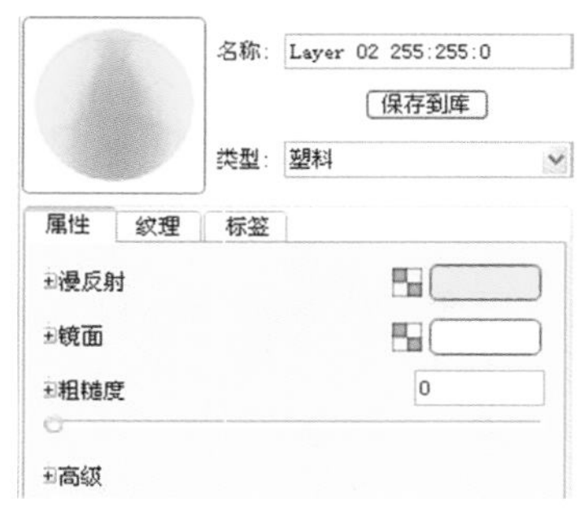

图 14-31

运用同样的方法，设置其他两条“鱼”的材质效果，注意对材质的颜色进行适度调节。实时渲染效果如图 14-32。

第五步：设置金属材质

同塑料材质的设置过程一样，首先在模型中拟设置金属材质的部分双击，弹出材质设置面板。在“类型”下拉菜单中选择“金属”，将“色彩”改为白色。如果设置“磨砂”金属，则需要调节一下“粗糙度”。材质设置如图 14-33。

实时渲染结果如图 14-34。

第六步：渲染

运用前面的所讲的步骤与方法进行渲染设置。

三、任务小结

通过这个任务的实施，学生巩固了环境的设置，学习了塑料及金属材质的设置。

图 14-32

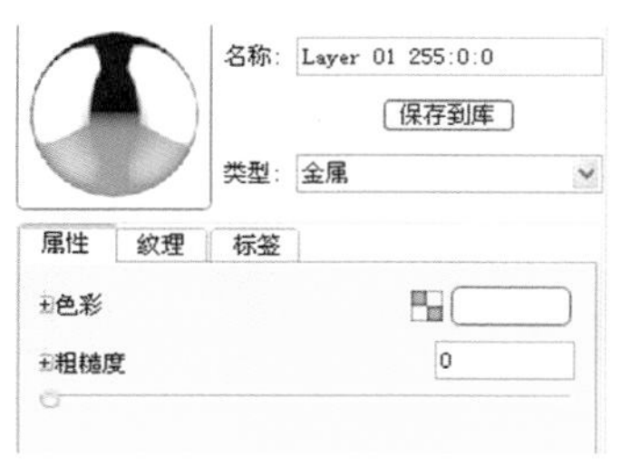

图 14-33

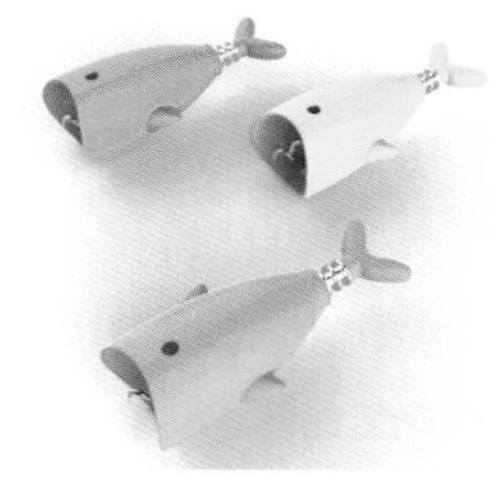

图 14-34

第四节 交通工具的渲染

汽车的渲染图 14–35。

图 14–35

一、基础知识介绍

巩固第一节照明及材质的设置。

二、任务实施

第一步：在 Rhino 中分层

由于有了前面的学习作为铺垫，对这一节的理解要容易得多。Rhino 中分层的目的是为了将不同的材质进行区分，保证在 KeyShot 中能够按层赋予不同的材质。分层结果如图 14–36。

图 14–36

第二步：导入 KeyShot

将 Rhino 模型导入 KeyShot，可以发现，Rhino 中的分层结果在 KeyShot 中依然显现，如图 14–37。

图 14–37

第三步：设置环境

设置环境的操作如前所述，这里不再详细讲解，操作的要点在于不断尝试，选择最利于表现汽车产品的场景。这里我们选择一个废旧工厂的环境作为模型的环境灯光来源，结果如图 14–38。

图 14–38

第四步：设置车漆材质

这一节的重点在于车漆材质的设定。在车身的任意位置双击鼠标左键，打开车身材质的属性面板。在“类型”下拉菜单中选择“金属漆”材质。实时渲染效果和具体参数设置如图 14–39、图 14–40。

图 14–39

第五步：设置橡胶材质

汽车的轮胎部分是橡胶材质，橡胶材质的设置比较简单。在“类型”下拉菜单中选择“高级”材质类型，在“漫反射”选项中更改合适的颜色。在“镜面”选项中将默认的黑色改为适度的灰色，从而可以实现轻微的反射效果。在粗糙度选项中，将下放的滑块向右调整一定距离，实现轮胎的磨砂效果。材质参数的整体设置如图 14–41。

图 14-40

图 14-41

图 14-42

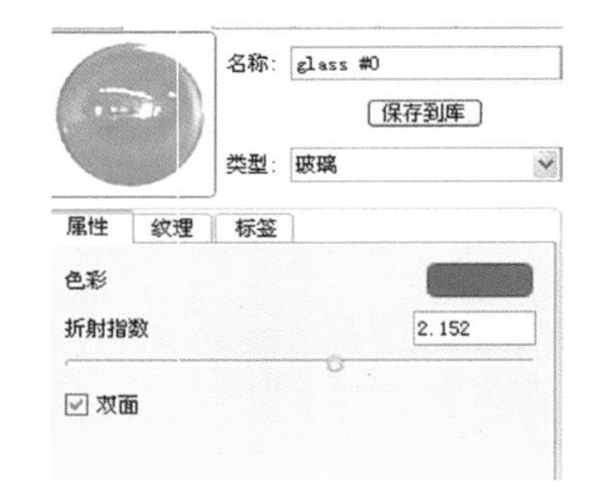

图 14-43

图 14-44

第六步：玻璃

下面设置玻璃材质，玻璃材质主要出现在车窗和车灯部分。在相关的材质位置双击鼠标左键，弹出玻璃材质属性设置面板。在“类型”下拉菜单中选择“玻璃”材质类型，将玻璃的颜色改为适度的灰色，勾选“双面”复选框，并适当调节折射指数，直到出现满意的效果。实时渲染效果和参数设置如图 14-42、图 14-43。

第七步：金属

汽车轮毂的部分为金属材质，由于金属材质的设置方法在“启瓶器”的例子中已经进行了讲解，这里不再赘述，具体效果如图 14-44。

第八步：网格

网格材质出现在汽车的进气格栅等部分，我们可以选择 KeyShot 中的默认材质，并进行调整，其指定的方法和前面木材的渲染类似。打开库面板，在材质列表中选择 Metal（金属），选择网格材质如图 14-45。

双击该材质，在属性面板中对其进行参数调节如图 14-46，同时在实时渲染窗口观察调节效果，如图 14-47。

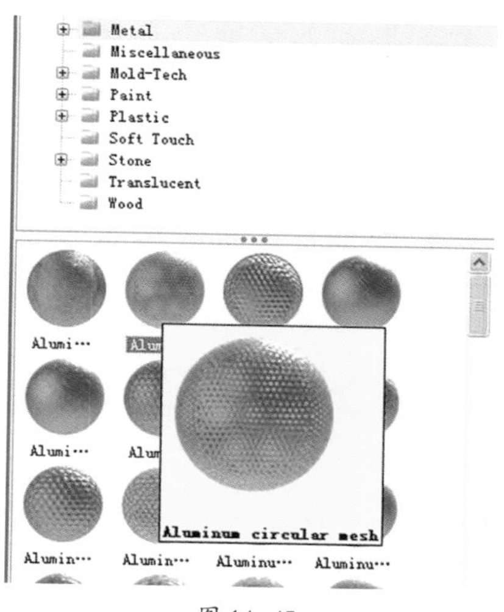

图 14-45

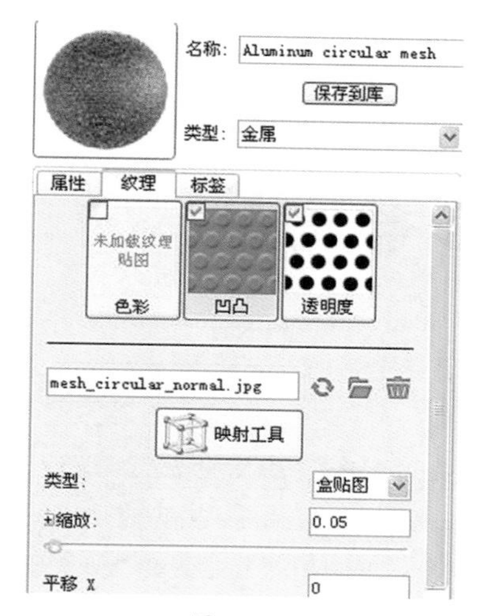

图 14-46

图 14-47

第九步：渲染

渲染的方法在这里也不再详细讲解了，不过值得一提的是，为了渲染出真实的场景效果，我们除了设置环境之外，还可以指定特定的图片作为渲染背景，只要调整好模型的透视角度，就可以模拟真实的场景效果。如图 14-48，我们打开“项目”选项，在“环境”标签下面，选择背景图像，即可为场景指定一张图片作为背景。当然，这个时候，为了适应于背景图片，我们需要重新调整环境光源，以取得与背景图片相匹配的照明效果，实时渲染效果如图 14-49。

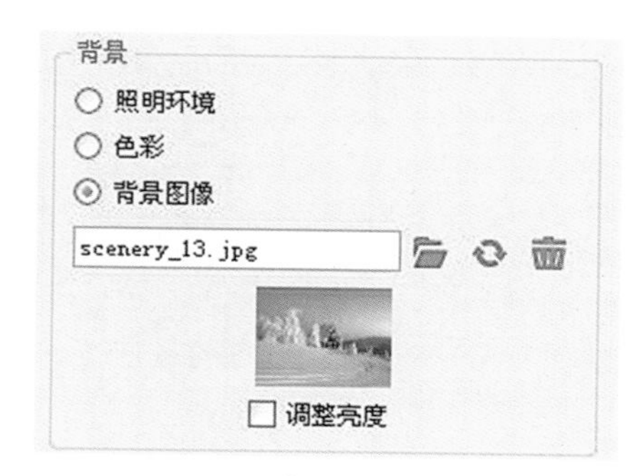

图 14-48

三、任务小结

通过这个任务的实施，学生巩固了环境的设置和金属材质的设置，学习了漆面、玻璃、橡胶、网格等材质的设置。

图 14-49

参考文献

[1] 黄少刚 . Rhino 3D 工业级造型与设计 [M]. 北京：清华大学出版社，2011.

[2] 范卓明，张曜 . Rhino 工业产品造型设计典型实例 [M]. 北京：兵器工业出版社，北京希望电子出版社，2006.

[3] 温杰 . Rhino 3D & Cinema 4D 工业产品设计全攻略 [M]. 北京：机械工业出版社，2007.

[4] 周豪杰，史智勇，赵佰秋 . Rhinoceros 与 3ds max 现代工业产品设计范例解析 [M]. 北京：兵器工业出版社、北京希望电子出版社，2006.

[5]（韩）崔成权 . Rhino 3D 4.0 产品造型设计学习手册 [M]. 武传海 译 . 北京：人民邮电出版社，2010.

[6] 周豪杰 . 犀牛 Rhino 3D 魔典 [M]. 北京：北京希望电子出版社，2002.